Love's Way

用爱安顿心灵

【美】奥里森·斯韦特·马登 著
Orison Swett Marden

邹燕 / 译

Orison S. Marden

山东人民出版社
全国百佳图书出版单位 一级出版社

图书在版编目（CIP）数据

用爱安顿心灵／（美）马登著；邹燕译． — 济南：山东人民出版社，2012.12（2023.4重印）
ISBN 978-7-209-06944-1

Ⅰ.①用… Ⅱ.①马… ②邹… Ⅲ.①人生哲学－通俗读物 Ⅳ.①B821-49

中国版本图书馆CIP数据核字（2012）第298738号

责任编辑：孙　姣
封面设计：Lily studio

用爱安顿心灵

（美）奥里森·斯韦特·马登 著　邹　燕 译

主管部门　山东出版传媒股份有限公司
出版发行　山东人民出版社
社　　址　济南市舜耕路517号
邮　　编　250003
电　　话　总编室（0531）82098914
　　　　　市场部（0531）82098027
网　　址　http://www.sd-book.com.cn
印　　装　三河市华东印刷有限公司
经　　销　新华书店

规　　格　32开（145mm×210mm）
印　　张　8
字　　数　75千字
版　　次　2013年1月第1版
印　　次　2023年4月第4次
ISBN 978-7-209-06944-1
定　　价　48.00元
　　　　　如有印装质量问题，请与出版社总编室联系调换。

目　录
Contents

【第一章】

一份来自爱的邀请

不是槌的打击，而是水的载歌载舞，使卵石臻于完美。

——泰戈尔

我们来假设这样一种情况：你的生命正因病痛的折磨而慢慢枯萎，一位医生站在你面前宣布你罹患了不治之症。这时，一位名医出现并宣称这世上没有所谓的"不治之症"，他能医治你的病，能治愈所有遭受病痛折磨的人，只要你愿意到他那里去。

我所说的问题是，难道你不想去吗？

"来吧，所有劳苦、背负重担的人都到我这里来！我要使你们得到安息。"不知你可曾意识到你拥有来自一位全能者的私人邀请，这位全能者能帮你摆脱所有身体上、精神上的痛苦，帮你解决你的所有问题和困难。

那么，就请你接受这份来自神医"爱"的私人请柬的邀请吧！你会因此得到意想不到的安宁，你的忧愁困苦将如阳光下的冰雪般快速消融。

"来吧，所有劳苦、背负重担的人都到我这里来！我要使你们得安息。"这正是"神之爱"的声音，他正召唤我们。此刻的你是否正遭受疾病的痛苦、可怕的贫穷、失意的打击、不公正的待遇、值得或不值得的羞辱，以及任何让这个世界充满痛苦和不幸的种种事情的折磨？那么请听从"爱"的召唤吧，接受那神圣的邀请，体会这现代思想给予这份请柬的新内涵——

"来吧，所有劳苦、背负重担的人都到我这里来！我要使你们从劳作的苦役中解脱出来，我会为你们增添新的活力，我要让你们用工作中的喜乐和热爱代替劳苦愁烦；我要使你们转过身面向光，把阴影抛到身后。

"到我这里来，我要给你们安息，解除附在你们身上奴役你们的恐惧的梦魇。我要把你们从忧虑惶恐中解脱出来，他们阻碍了你们，本来你们有可能变成巨人，现在却成了矮子。我要带走你们的恐惧——对死亡、对病患、对遗传疾病，以及所有让你们饱受折磨的对各种事情的恐惧。

"来吧，所有不快乐的人都到我这里来！我要使你们得到欢乐。无论什么使你们眼前一片灰暗，给你们的生活带来烦恼，到我这里来，我要使你们得安息。我要满足你们的梦想，你们心灵的渴望，我要让你们看到自己的神性光芒。

"来吧，所有遭受挫折，对生活失望的人都到我这里来！我要指示你们如何战胜挫折失败，如何利用你们神性的力量发愤图强。

"来吧，所有被生活打垮，精神沮丧的人都到我这里来！我要给你们真理，那真理可以冲破所有贫穷、失败以及肉体的局限，让你们看见成功和胜利的姿态。

"来吧，所有理想破灭、雄心枯萎的人都到我这里来！我要使它们复活，我要把它们带回你们盛年时的光明与梦想之中。

"到我这里来，那些因身体的虚弱或残疾而不能做你们想做的事的人！我要指示你们如何保持健康，让自己的身体强壮。

"到我这里来，所有失魂落魄，在黑暗中徘徊的人！我要给你们注入新的活力，在你们前行的路上点亮一盏新灯。

"到我这里来，所有孤独无助的人！我要让你们的生活充满新的趣味、新的友谊，而且永不言弃、永不厌倦。

"到我这里来，所有胆怯、自卑的人！我要指示你们如何摆脱这些弱点，如何消除所有的缺陷。它们压抑了你们的自我表达，剥夺了你们的力量和喜乐，阻碍了你们展示自我、完善自我的努力。

"到我这里来，所有争吵打斗、诽谤憎恨的人，所有受嫉妒、憎恶、忌恨所折磨的人！我要指示你们其实你们都是兄弟，一家人不能争来斗去，而嫉妒、憎恨、伤害最终伤害的都是你们自己。

"到我这里来，所有贪婪自私的人！我要指示你们一个更好的方式，它能带给你们比贪婪更好的回报，比自私自利更大的满足。我要让你们为自私自利而感到羞愧，进而憎恨它。当你们的兄弟姐妹们饥寒交迫，你们会因自己生活奢侈而痛心。

"到我这里来，所有优柔寡断的人！我要指示你们如何增强你们的意志，克服犹豫不决、摇摆不定的毛病。

"到我这里来，所有禁不住诱惑酿成大错而被社会惩罚的人！我要把你们的灵魂洗刷得比雪更白。我要指示你们无论你们曾经做了什么，都可以痛改前非、重新做人。

"到我这里来，所有被恶习奴役的人！这些恶习像黑影一样笼罩着你们的生活，使你们希望落空、雄心受挫、远离幸福，我要指示你们摆脱这些正摧残你们的东西，摆脱所有的恶习。"

爱是提升这个世界的伟大动力。对于那些生活得不幸福，抓不住机遇，因无知、犯罪或其他不幸因素而生活落魄的人来说，没有什么比爱更能吸引他们了。爱不责难、不批评、不评判、不惩罚、不摒弃、不排外。那些不是爱的方式，对最坏的罪犯与最堕落的罪人，它只是说"去吧，别再犯罪。"——这是它仅有的责难。

请再次倾听这份爱的方式——

"爱你们的仇敌吧！为诅咒你们的人祝福。"

爱是一种力量，在这个宇宙唯有它可以这样说——

"我是使文明成为可能的神奇力量。我把人类从猿人时代引领到现在的发展阶段，我还将把人类引领到梦想不到的高度。

"我是一种力量，使脾气、禀性各异的人们和谐地生活在一起，家因此而变得美丽，犹如地球上的天堂。

"我是一种动力，使男人发现真实的自己，使他从一个粗鲁无知的人变为一个温柔的、有爱心的、有同情心的丈夫和父亲。

"我是一种精神，进入到那些大公司企业，使它们更洁净、更明亮、更健康、更适合工作与生活，正是这种精神使员工们更快乐、更高效、更满足。

"我是改变人类精神的酵母，是黄金法则的理想，它带领人们越来越靠近基督的精神，使先前的敌人成为兄弟，使博爱这个伟大理想的实现更近一步。

"我是一种力量，给那些身体有缺陷的残疾儿童带去舒适和欢乐，在早些时候他们或被扔到荒郊野外听天由命，或死于无人看管和饥饿。

"我是一种力量，建立起孤儿院、精神病人医院，为老年人、需要照顾的人和无助却又无法表达的动物们建立起各种各样的养护中心。

"我在地上的使命是帮助和医治每一个上帝的孩子，提升他们，给他们带去欢快、舒适和喜乐。我是那好心的撒玛利亚人，帮人医治伤口，而自私、硬心肠的人则会冷淡地走开。我是红十字会、救世军和所有慈善组织背后的精神。我是所有为了世界更美好，为了人类更高尚而发起的运动背后的力量。

"我是进步的原则，解放的真理；我是所有真正宗教的本质，所有珍贵教义的本质；我是基督的精神，我是黄金法则；我是使人类团结一致的力量。

"我是一种鼓舞，在人深受诱惑时让人远离怯懦，在人退缩时催人奋进。我尤其受到穷困潦倒、灰心失望、平庸无能之人的喜爱。我是卑微者、被忽视者和绝望者的朋友。我为他们带来新的希望、新的勇气和新的生命。

"我是一种力量，解放了世界各国的奴隶，解放了所有人的良知和思想。我赋予铁石心肠、奴役员工的老板以人性，除去他自私自利的贪婪，向他显示所有人都是兄弟姐妹。我也显示给你们你的邻居是你自己，因此你们要像爱自己那样爱你们的邻居。

"我能解除痛苦和失望，我能温暖受伤的心灵，为泄气者加油，为失望者鼓掌。

"别人诅咒，我祝福；别人恨，我爱；别人记得并谴责，我忘掉并原谅；别人抗争我屈服；别人快乐自己，我快乐别人。因为我没有嫉妒与贪图。愤怒、憎恨、痛苦、妒忌、羡慕和不满从不在我面前有片刻停留，因为我能把一切与我相斥的化为乌有。

"我是世界历史上伟大的奇迹创造者。我使理想升华，让生活脱离肮脏、污秽，催促人们去做、去实现，而不是占有和贮存。

"我是那善意的力量，能转变争吵妒忌的邻居，让他们像兄弟姐妹那样生活在一起。我治愈家庭不和、嫉妒和憎恨。我使争论不休、难以调和的伙伴成为朋友。我消除恶语中伤的毒刺，拔掉侮辱的利剑，熄灭愤怒的火焰。我治愈一切痛苦、恶意和憎恨的伤口。

"我住在神秘的至高处，我是为各民族疗伤的药膏。我使母亲在她任性妄为的儿子身上看到的不是罪犯，而是上帝所计划的而且依然有可能实现他计划的人。当世人都谴责罪犯，我喊停，并说'等等，在这人身上某处还有上帝的影子'。

"我是犯人的慰藉，我拜访他的牢房，救他脱离绝望。我照亮所有犯人心中的黑暗，减轻其悲伤，给落魄以希望。我恢复他们的勇气和从头再来的决心。

"我是上帝的声音，向他的孩子们呼喊：'到我这里来，所有灰心绝望的人！我要让你们过全新的生活。我要恢复你们失去的信心和梦想。'我是所有接受我邀请者的救星。

"我是那神秘的使者，从你出生起即被派遣作为你的顾问、保护者、向导和朋友伴随你一生。如果你偏离我，在生活的道路上迷失了方向，不要紧，回来，我会给你力量重新再来，实现上帝对你的计划。我绝不让你失望。

"我要指示你们人的神性是超越贫穷与失败，甚至任何耻辱与罪过的。它无始无终，天上人间也没有任何一种权势能把它从人身上带走，玷污或伤害它，因为它是不可战胜的。

　　"来吧，所有劳苦、背负重担的人都到我这里来！我要给你们的灵魂所渴望的安宁。"

【第二章】

尝试爱的方式

爱是理解的别名。

——泰戈尔

一位曾用爱的方式解决了生活难题的人说："我发现它很有魔力，它能阻止罪恶、疾病和不幸，它能带来健康和兴旺。"

　　如果我们生活在一种不和谐的生活氛围中，我们只要尝试一下爱的方式，哪怕是很短的一段时间，我们也绝不会再回到原来的生活方式中去。这个世上没有人愿意过原来那种嫉妒担忧、求全责备、役使他人的生活。

　　既然这样，我们为何不尝试一下呢？

　　多年来深受坏脾气、忧虑、憎恨和恶意折磨的你正过着无异于自杀一样的生活，我们为何不抛开那一切，转而尝试一下爱的方式呢？

　　如果你家庭生活痛苦不幸，如果你们夫妻不和、时常争吵，如果你体会不到安宁和慰藉，那么，请你尝试一下爱的方式。爱会抚平你的皱纹，爱会为你家注入从未有过的新的活力，爱会让你的眼睛发出新的光亮，让你的心里充满新的喜乐和希望。爱是不会让你失望的。

你是否过着孤独空虚的生活，抑或对生活已不抱有任何幻想？你怀疑一切、悲观失望，你过着自私贪婪、烦躁忧虑的生活，你的生活充满了恐惧、嫉妒和各种各样的不和谐，如果是这样，为什么不试试爱的方式呢？

除了爱，其他任何方式都不会带来幸福。自私的方式终会失败，因为它与永恒的原则不相协调。而爱的方式则不同，它与一切真实与美丽的事物和谐一致，它会瓦解你所有的负面情绪，解决你所有的问题。请相信爱的方式总会成功的。

对那些一直以来生活在痛苦失望中的人们，对所有烙印着争吵的伤疤和痕迹的人们，对因原有的生活方式备受打击，从未享受到安宁、和谐和甜蜜的人们，有一个更好的方式可以解决你所面临的每一次麻烦、每一次痛楚和每一个难题，这就是爱的方式。

有些母亲们在抚养孩子的过程中，由于经常使用责备、唠叨、惩罚、强迫的方法而使孩子身心疲惫、不胜其烦。试一下用爱的方式来解决吧！爱的方式能更快更好地转变孩子，使孩子成为温顺、有礼貌的人，并可以发掘出他们最好最高贵的天性。你会因此吃惊地发现他们对你有求必应。

人都有某种反抗被驱使和被强迫的天性。如果你以前曾试图强迫你的孩子，那么请你放弃它，尝试新的方法——爱的方式。看它能不能在你的家里创造奇迹，看它能不能使你的家庭机器运转得更顺畅，看它能不能奇妙地消除你的紧张。试验一次爱的方式吧！

在强迫中工作，在强迫中顺从，都不会带来好的结果。我认识一个人，他总想按他的方式来规范所有人和事。他想让每个人都听从他的想法，按他的做事方法去做事情，结果他不但把自己搞得很疲惫，也把其他人弄得很紧张。就连他的孩子们也害怕他回家，因为无论他们做什么在他看来总是错的，因为他的狭隘和霸道使得家里所有人，包括他自己都痛苦万分。

在工作上也是如此，什么事都不合他的心意。于是他不断地抱怨、挑剔、唠唠叨叨，让雇员们沮丧。他不知道其实一点点鼓励和赞扬就能使雇员们做得更好。雇员们已经对他的苛责习以为常，这样一来，只会令他们感到反感和不舒服，对工作的开展起不到任何效果。

所有这些对心灵和谐具有破坏性的习惯，比如试图控制别人，对别人发号施令；试图让人凡事遵循我们的方法；不停地用"不要"、"不准"、"必须"监督着孩子；试图迫使我们的伴侣、同事、雇员按我们的想法做事；驳斥、责骂，强求一致等等，它们只会消耗你的精力，毁坏你的性情，让所有接触你的人和事与你对立。

而采用爱的方式则与之截然相反。它广博而慷慨，公正而坦荡。它尊重他人的权利和情感。爱不是通过不停地提醒和挑剔设法让人改正缺陷，改变不尽如人意之处。爱只是抵消了它们。爱驱逐了人性中的缺陷和劣质，就像百叶窗开启的瞬间，阳光把黑暗逐出房间一样。

如果你的家里存在不和，你会惊喜地发现爱的方式可以迅速地驱逐黑暗，放进和谐之光。爱的方式会神奇般地改变你的家庭气氛，和谐将取代对抗。其实，不时地给予慷慨大度、全心全意、毫不吝啬的赞扬，就像给吱吱作响的机器注入润滑油，其作用将是巨大的。

那些在家里面作威作福，压制欺侮自己妻儿的男人们，尝试使用爱的方式吧！你很清楚以往粗暴的方式并没有给你带来幸福和满足，你也一直对此感到失望。为何不试试新的方法，尝试爱的方式呢？它是灵丹妙药，正在影响着世界。

求全责备的家庭主妇们，尝试爱的方式吧！不要从早到晚地烦躁不安、牢骚满腹。当保姆在客人面前偶然打碎了一只瓷器，不要劈头盖脸地一顿骂，试着换位思考，理解她的尴尬不安，轻松地让这不愉快过去就算了，然后私下里温和地提醒她注意。这样，她以后定会更加小心。如果洗衣工送回的床单不够干净，或者没有上次洗得好，不要训斥她。苛责只会令她闷闷不乐，善意和温柔的话语更能打动她。

那些从未得到过别人真诚帮助，被雇员的蓄意破坏和消极怠工逼得发疯的人们；在与不诚实和低效率的斗争中备受折磨，因试图以恶制恶而未老先衰的人们，尝试爱的方式吧！

所有被日常工作中所遇到的各种冲突纷争、讨价还价和艰难困苦折磨得精疲力尽的人们，尝试爱的方式吧！它会给你的店铺、工厂或办公室带去新鲜的活力。无论你从事什么工作，无论你遇到什么样的困难，爱总会奇迹般地为你扫除障碍，解除痛苦。

在纽约靠近格兰特总统的陵墓，俯瞰哈德逊河的悬崖峭壁，你会看见一个小小的大理石碑，这个大理石碑已经在那里一百多年了。它是为一个温柔善良、人见人爱的四岁孩子竖立的，碑上简单地刻着几个字："一个亲切友好的孩子。"这就是小生命的全部故事，它是爱的方式的美丽诠释，因为爱总是亲切友好的。

　　爱的方式包含了一切美丽、善良、干净、真实的事物，一切值得拥有的东西。它没有悔恨，也不留下遗憾。它纯洁得就像那孩童的生命。爱的行为总会得到灵魂的认可，爱的方式带领我们走正确的路，因为它是神的方式。

　　尽情尝试爱的方式吧！它蕴含着幸福的真谛。

【第三章】

世界上最伟大的事情

爱是美德的种子。

——但丁

爱是灵魂的生活。

爱是宇宙的和谐。

对爱的定义，字典大都用半栏的篇幅予以解释，而《圣经》只用了三个字就给出了它的无限含义："神即爱。"

神是无限的，因而爱也是无限的，爱包含了所有神的属性。无爱的生活是没有价值的。

爱是地球上最美丽的事情，也是每个人都曾经热切盼望过的——这是古往今来人类的共同心声。正如亨利·沃德·比彻所说："它是世上生命的河流。当你站在叮当作响的小溪边的时候，你不知道爱是什么。只有当你穿过巨石峡谷，看到那奔流不息的洪流；只有当你穿越草原，河面宽广到足以承载整个舰队，最后来到深不可测的海洋，把你的一切财富注入深深的洋底，只有到那时你才知道什么是爱。"

我曾在某处读到过一个故事：阳光听说地球上有些地方阴郁、漆黑，极其可怕。因此，它决心找到它们，于是便以光速开始了它的旅程。它遍访深山洞穴、幽暗的住所、幽深的小径，甚至黑漆漆的地窖。它到处探寻，想看看黑暗到底什么样。最终它也没有找到黑暗，因为它到哪里就把光带到哪里。它访问的每一个地方，无论以前多么阴郁黑暗，都因它的出现而明亮欢快起来。

爱像太阳一样能温暖它所触摸的一切。太阳是爱的美好象征。它公平无私，不偏不倚。它把欢快活泼的光照进宫殿，也照进茅屋、监牢；他照高高在上的君主，也照衣衫褴褛的穷人。它对人不分贫富贵贱，照好人也照坏人。它不问这是谁家的粮食、谁家的土豆、谁家的玫瑰、谁家的房子；它不问我们的种族、原则、政治和宗教信仰。它照好的与坏的，信的与不信的，它照所有的民族与种族，不管你是白皮肤、黑皮肤、棕皮肤还是黄皮肤。它对任何人都没有憎恶与偏见。它只是把光洒向地球上它能到达的任何角落：哪怕是毒气弥漫的沼泽，污秽不堪的沟壑，最可鄙的生灵逡巡之地——它都会把光、美与欢乐毫不吝惜地洒向全地。

阳光让花朵尽情绽放，释放出所有的美丽、色彩与芳香。爱能激发我们内心最好的一面，因为高贵的情感，高尚的理想皆倾心于它。真爱能提升、纯净、强健其所触摸的每一个心灵，关注我们最好的一面。真爱抛却了我们的软弱、罪恶、自卑，看到我们内心有待发掘的神性，它释放了我们深藏于内，自己都没有发觉的神奇的力量。

爱能让最糟糕的人看到上帝，它给所有人改过自新的机会。当一个人因破产或犯罪而变得一无所有，生活充满了痛苦，他转向爱，便找到了避难所，因为爱永不言弃。爱永不离弃我们，就像母亲不会离开犯错的孩子一样。一个孩子跌落得再深也深不过母爱。同样，一个成人犯的错再大也不会超越爱的救赎。爱可补救一切过错。

母亲不问："哪个是我的最爱？"她爱所有的孩子。如果说有什么区别，只能说她把最多的爱给了最需要的那一个——最虚弱的或身体有缺陷的。

爱的快乐在于帮助不幸的人，扶起跌倒的人。当麻烦到来，顺境时的朋友抛弃了你；当你犯下致命的错误，社会对你关上了大门；当一切都已失败，所有人离你而去，请记住，爱来了，它就站在你身边，在你的伤口上抹上药膏，帮你重新站立起来。

爱不评判，不谴责。它总是为那些偏离了生活正轨的人们求情。它说："不要定那可怜人的罪，在他身上某处有上帝的影子"；它还对那堕落的女人说："我也不定你的罪。去吧，别再犯罪。"

爱在历史上演绎着一幕幕伟大的奇迹。我们都看到过它怎样改变了一个个粗俗无知又残酷无情的生命。一位年轻人在生活即将毁掉的时候，爱上了一位美丽善良的姑娘，姑娘也爱上了他。因为爱，在极短的时间内使他的生活有了起色，这就是爱的动力——他逐渐改掉了恶习，变成了一个新人。

当其他措施均告以失败，爱则会取得胜利。因为爱能触摸到其他一切都难以企及的生命之泉。爱有直觉力，因为它有同情心。只有爱引导的灵魂才能直达内心深处。爱一次又一次转变邪恶的本性，消灭野蛮和残忍，呼唤人们内心最高尚优秀的品质。这个世上，没有什么能抵御爱的力量，没有什么能破环它。

爱是战场上的守护天使。爱的代表——红十字会在战场上为作战双方的伤员包扎伤口，向我们显示着上帝之爱的含义。无论对与错，无论立场如何，爱只把所有受伤垂死的士兵看成上帝的孩子。

恐惧是人类最大的诅咒，比其他事情带给人的痛苦更大，只有爱能征服它。爱是恐惧的解药，它能消除恐惧。别人诅咒，爱祝福；别人忘却，爱牢记；别人谴责，爱原谅；别人把持，爱给予。

爱拔除失望悲伤的毒刺；爱使声音悦耳，脚步轻快；爱使最普通的工作间变得重要而美丽；爱让家里充满愉悦的气息；爱给人前进的翅膀和动力。爱无所不能企及。

爱开启心智，打开心灵，爱使生活丰富，催人奋进。是爱让社会凝聚在一起。唯一能讲世界上所有语言，为所有人所理解的，唯一能让目不识丁，连自己名字都不会写的人看得懂的，就是爱。两个讲不同语言的人在地球上的某地相遇，尽管他们听不懂对方的话，却能读懂爱的语言。唯有爱能摆脱生活的困苦，劳作的艰辛，疼痛的折磨，贫穷的剥夺。

没有任何一种生活体验能比爱与被爱带给我们更大的幸福与满足。人都是需要爱的，你给予多少，就会收获多少。爱是孪生的，需要与别人分享。爱不自私、不嫉妒、不巧取和贪婪。在生意场上，爱总会顾念对方。爱公平、公正、不贪人便宜，不伤害别人。爱总是慷慨、友善、乐于助人的。

亨利·杜蒙德在他那无与伦比的作品《世界上最伟大的事情》中，分析了爱的光谱。他写道："保罗告诉我们，爱是一种混合物。就像你们看到过科学家把一束光透过三棱镜，在镜子的另一端会出现红蓝黄橙等各种彩虹色，保罗把爱透过他智慧的三棱镜，让我们在另一端看到了它的组成部分。

"爱的光谱或爱的分析。你能看出它的成分吗？你有没有注意到它们都是些普通的名字，是生活中任何人在任何地方都能做到的事情？然而正是这无数细小而普通的美德构成了那最伟大的爱。"

杜蒙德说："在《哥林多前书》中，保罗的第十三章是最伟大的爱的诗篇。他给马萨诸塞州诺斯菲尔德的学生们讲学的时候问道：'你们中有多少人愿意在以后的三个月里每周一次跟我一起阅读这章？有人曾这样做并因此改变了他的一生。你们愿意吗？愿意吗？'"

就连亨利·杜蒙德都如此强调这一章中短短的十三个诗节的重要性。如果有人这样做，并每天心领神会地重复，他的生活毫无疑问会发生翻天覆地的变化。

让生活成为一首歌

〔第四章〕

爱是生命的火焰，没有它，一切将变成黑夜。

——罗曼·罗兰

在纽约圣安德鲁斯卫理公会教会的一次研讨会上，牧师向大家征询预防城市各种诱惑的最好办法。在众多名人写的答案中，亨利艾塔·克罗斯曼给出了最佳答案——"承认上帝作为随时的实用的帮助。"

"亨利艾塔·克罗斯曼说得很好，"牧师说，"她提到在我们的一切事情上承认上帝的存在。"换句话说，在我们的一切事情上承认上帝，也就是爱，我们的生活就有稳定和力量；我们就得到了保护，就能抵挡邪恶，还具有某种磁力，能吸引一切好的东西到我们身边来。

我们中有很多人整天生活在痛苦之中，不停地抱怨环境、工作、邻居和各种状况，这都是因为我们没有在一切事情上承认上帝的存在！

如果克罗斯曼小姐的建议被采纳，被那些在大城市的诱惑中挣扎的年轻人，或无论男女老少所接受，那将避免多少痛苦！我们将多么幸福啊！

很多人总是与周围环境难以协调，因为他们没有在一切事情上承认上帝的存在。他们把大量的时间和精力用来自寻烦恼，做毫无意义的抵抗，而不是用来改善环境。我认识一个女人，她总是诋毁她住的小镇和镇上的人们。她从不与他们为伍，她总觉得自己高人一等。她总觉得与周围的环境难以调和，她说她不得不在这样一个充斥着堕落的人群，没有任何理想的地方抚养孩子是她的耻辱。当然，她过得不满足、不幸福。

其实，问题不在镇子，而在这个女人。她对待邻居的心态不正确。她没有爱心。她以前住过的几个地方，居民都觉得很好，但她仍然跟现在一样不快乐。

和许多人一样，这个女人不满的根源在于她小小的野心。她总想着如何钻进上流社会，在那里，那些人拥有比她多得多的金钱，因为她永远也赶不上他们，于是她就怨恨这个地方和她同阶级的人，弄得自己和家人都非常痛苦。她觉得自己高人一等，而我们都知道一个高傲的女人会受到邻居的何种待遇。邻居们自然都不喜欢她，并用各种不愉快的方式表达他们的厌恶。

无论我们呆在什么样的环境里，我们都该努力使自己与环境和谐起来，以便能够顺畅地工作，不让摩擦把自己搞得精疲力尽。人与人之间的摩擦就像精密机器里渗进了沙子，它使机器的磨损度比在正常使用下大大地增加了。

如果你是一个烦躁而容易忧愁的人，一个悲观主义者，你就是屈从于不幸的环境，成了这个世界上无足轻重的人。如果你身处艰苦环境依然兴致勃勃，充满希望和乐观精神，无论环境多恶劣，你都不会失败。承认上帝在你心里，承认周围环境的客观存在，你就已经是赢家了。

怀着对立和悲观的心态，谁也不会幸福或做好工作。悲观主义者就是吹毛求疵的人，吹毛求疵的人总是破坏者，不是建设者。唯有乐观主义者才是怀有正确态度的建设者，乐观的心态有助于改善环境，吸引别人的同情和帮助。

如果你觉得工作或环境不如意，就请立刻着手改变，找一个更适合自己的工作或更好的环境。对立、担忧、吹毛求疵只会令情况更糟。你可能连现有的都保不住，反而被降到更低贱、更不愉快的环境中去。

如果你在烦躁不安、怒气冲冲，对环境、邻居、工作吹毛求疵中度过一生，那你就是在推开你想要吸引的东西。改变环境的做法就是与之交朋友。要知道，不抵抗原则有助于节约生命力，保存能量储备。所以请你不要轻易浪费它们。此外，不抵抗原则还有助于做你想做的事，因为不抵抗就是与上帝合作，不抵抗就是在一切事情上承认上帝的存在。

我最近在某个地方看到下面的两行诗句，令我印象深刻：

"我的生活不是一场战斗，

我的生活是一首歌。"

这两行诗表现了两种生活态度的巨大差别。一种人嫌恶生活，总是抱怨命运，视工作为苦役；另一种人无论发生了什么，都唱着歌，乐观地对待生活，在工作中发现快乐。

乐观主义者让生活成为一首诗、一支歌，悲观主义者在同样的物质条件下，让生活变得像一篇枯燥乏味的杂文。

我们从生活中得到什么取决于我们怎样看待生活。我们的心态决定了我们是快乐还是痛苦，是把生活变成了乐曲还是悲歌。

有些人总是按在错误的键上，用最好的乐器也只能弹出哀歌。他们弹出的所有曲子都是阴沉的小调。他们所有的画面都以阴影为主色调。在他们身上找不到轻松、明快和美好。他们的外表总是阴沉沉的；世道总是很艰难；钱总不够花。生活中一切都在收缩，没有什么不断发展并成长壮大。

而对另一些人来说，事情正好相反。他们不是投下阴影，而是向四周辐射阳光。他们触摸的每一朵花蕾都舒展花瓣，尽情绽放出芳香与美丽。他们每次接近你，无不使你欢喜；他们每次与你讲话，无不给你激励。他们一路走，一路播撒鲜花。他们有神奇的炼金术，把散文变成诗歌，把丑陋变得美丽。把不和谐的音符变成优美的旋律。他们看见别人最好的一面，说着对人有益，令人愉快的话语。

有的人把灵魂投入到最平凡的工作中，由于有了灵魂的参与，最平凡的工作也得到提升，变得体面而有尊严，并散发着美丽。而有的人则把最崇高、最体面的职业变成了苦役，令最伟大的事业都显得了无生趣。

有些女人尽管家徒四壁，但由于她浑身散发着如此的喜悦，慰藉与美丽使她的家变成了宫殿。她们以从未见过的光芒，照亮这个贫穷的家，使它闪闪发光。她们用爱的甜蜜之光转变着，装饰着最卑微和平凡的环境。而另一些女人，即使给她一百万，也打造不出一个令人愉快的家。在那精美的挂毯和昂贵的艺术品之间，弥漫着不和谐的气氛，缺少明快与愉悦，而这明快与愉悦是来自一种优雅品味，一种与万物的合宜之感，一颗因爱而温暖跳动的心。

一个以正确的态度面对生活，一个乐观、充满希望，由于对父神的信念而总是期待最好的事情发生在他的身上的人，他的能力将得到极大的增强，他的心态将使他的聪明才智得到淋漓尽致的发挥。悲观主义者却封闭了天性，而不是让它尽情释放。他的消极心态极大地降低了他的创造力。只要我们发挥作为全能父神的孩子本应具有的积极乐观的精神，我们将会百倍地增加效率，把生活中的不愉快降到最低。

这就是说如果心态端正，最琐碎的事情，最简单的行为和责任都会变得美丽，如果心态不对，生活中就没有什么真实、美好或令人振奋的事情了。

我们一半的困苦来自于我们阴郁的外表，来自于忧虑不好的事情发生。我们遇到的百分之九十的人看起来好像他们正从葬礼归来，而不是正奔向人生的喜乐盛宴。忧虑惧怕、杞人忧天的习惯摧毁了我们心态的平和，从而毁坏了我们的健康和效率。这种做法说明我们没有在一切事情上承认上帝的存在，而是认同了某种恶的势力强于上帝。

不知道你有没有注意到，你一天之中使用多少次"我恐怕"、"我担心"这样的字眼？我们中的很多人习惯了说这种话，他们从未意识到这种话对心灵的伤害。我曾试图记下我的一个有些悲观的朋友一天之中说这话的次数。我并没有跟他一整天，但却记录下来这么多的例子：早晨见到他的时候，他说："你知道吗？恐怕今年冬天会很冷，我担心会影响到我们的生意。"过了一会儿，他又说："恐怕我们与墨西哥会有大麻烦。"转到家庭话题的时候，他又说："我担心我那在外上学的儿子要学坏，恐怕我的孩子们都要出问题。"

那天我和他一起吃午饭，他坐下来后说的第一句话就是："我怕吃这些东西，我有消化不良症。事实上，我觉得糟透了。我都几乎不敢吃任何东西了。"在整个吃饭过程中他不停地诉说着这样那样的恐惧。那天就我听到的他说"我恐怕"不下二十五次。

这样或那样悲观的话语，几乎没有一个人不在一天之中说上两三次，也许更多。但没有几个人意识到每次我们说"我恐怕"的时候，都是在暗示对自己缺乏信心，在削弱我们对战胜我们所惧怕的事情的能力。每次我们说害怕贫穷，害怕疾病，害怕环境，害怕这个害怕那个，我们都是在破坏我们的自信心，破坏我们抵抗疾病的力量。我们都是在给心智注入一种毒药，它会影响我们的健康和效率。

　　让我们放弃做那些明知道会伤害我们的事情；让我们放弃惧怕，放弃悲观，不再做一个认为人生之路通向荆棘丛林的悲观主义者；让我们以乐观主义者的态度看待生活，把生活看成通向天堂般的上帝应许之地；让我们在一切事情中承认上帝的存在，并说："我的生活不是一场战斗，我的生活是一首歌。"

【第五章】

博爱之梦

　　有比快乐、艺术、财富、权势、知识、天才更宝贵的
东西值得我们去追求，这极为宝贵的东西就是优秀而纯洁
的品德。

——塞缪尔·斯迈尔斯[①]

---

　　①　塞缪尔·斯迈尔斯（1812-1904），19世纪英国成功学的开山鼻祖，
著名的作家和社会改革家。

在古罗马时代，主妇们常常带着针线活来到圆形竞技场，坐在那里一边闲聊，一边看着早期的基督徒殉道者们被扔进竞技场，与那些被饿了几天以增其凶残性的野兽进行殊死搏斗。

小孩子也常被带去观看这些可怕的景象。当看到那些基督徒们痛苦地翻滚，被野兽撕成碎片的时候，孩子们会高兴得拍手，母亲们也同样愉快地在旁观看。

尼禄常令人把基督徒浑身涂满柏油点燃，火把照亮了金碧辉煌的宫殿前面的湖水。把残疾或生病的婴孩扔到荒郊野外饿死或被野兽吃掉是很常见的做法，就连年老体弱者会受到同样的对待。

但是那以基督教的名义掀起的迫害呢？尽管伟大的罗

马帝国倾尽全力予以镇压，基督教徒们仍然继续着基督的工作——坚持主张爱的福音。尽管有迫害，有折磨和死亡，基督教义的酵母依然在缓慢又确实地发生着作用，直到把当时异教的罗马变成了基督教的中心。如今，到处都是当年留下的最珍贵的历史遗迹。

与战争的罪恶并肩存在的是爱的酵母，它依然在发挥作用。一位曾经在欧洲战场打过仗的人说到："在战场上，你能看见洞开的地狱之门，但同时也能看见天堂。那种英雄主义、那种忍耐、那种自我奉献、痛苦下的乐观情绪，以及不顾一切挽救战友生命的精神，所有这些都比战争的目的有更深的意义和更大的价值。"另一人说："基督教义正以一种最神奇的方式在战场上得到展现，爱正在那里发生。"有无数的迹象在证明爱的存在。我们看见最无私的爱正推动着红十字会里大批的医生和护士们，把所有在战场上受伤的战士当成兄弟，为他们包扎伤口，挽救他们的生命，照顾他们直到他们恢复健康，因为爱，让这些医生和护士们根本不考虑战士们的信仰如何，他们来自哪个国家，他们的种族差异及社会差别。

悲观主义者只看到战争对文明的倾覆和战争所释放的憎恨的力量，但爱比恨更强大。即使在战场上，爱也在播种超越世上一切的伟大新生命的种子。在战争中经常会有这样的事情发生：来自不同国家的战士在战场上拼得你死我活，可当他们同时在红十字会护士的照顾下进行康复治疗的时候，才发现他们的情感与同情心是一样的，在内心深处他们是尚未相认的兄弟。当脱离了憎恨与战争的环境，这些人成了终生不渝的朋友，并学会了感受手足之情。

　　法国大革命提出的"自由、平等、博爱"的思想，也只有在革命发生以后，才变得如此深入人心。在战争的阴云笼罩之前，交战各国将彼此的界限划分得非常鲜明，战争之后，社会、政治、宗教的界限因这种思想而被弱化。是伟大的灾难平息了所有阶级和党派的差别，人们为共同事业的需要而走到了一起。来自不同阶级，怀着不同理想和信条的男人、女人们，为同一个伟大的目标而团结奋斗。在法国，古老贵族阶级的妇女把普通士兵的妻子儿女带到自己家里，待他们亲如兄弟姐妹。出身高贵的淑女们或进入商店、宾馆、饭店做起服务员，或开上汽车做起了司机。以前不知工作为何物的女人们，当她们的男人们听从国家召唤拿起了武器，她们也欣然承担起了男人们撇下的工作。在英国、美国以及所有参战的其他国家，情况大都如此。当和平到来，交战国以新的面貌重生。是爱，是人类博爱的伟大精神，将这些障碍铲除。

　　愈合战争创伤，抹去那些残忍的记忆虽然要花上一段时间，但各国人民兄弟般手拉手为共同的目标而努力奋斗的日子就要到来了。爱将代替恨，爱的方式将消灭世界上的战争、人与人的争斗，以及仇恨、自私和贪婪。很多民族古往今来都已尝试过憎恨的方式、战争的方式和生灵涂炭的方式，可它们并不奏效，暴力终归要失败。当今世界的文明不容许任何统治者或人民用枪剑来占领世界。在我们这个时代，和平的方式才是进步的方式。1911 年 7 月 21 日是牛奔河之役五十周年纪念日，那天上演了一幕令人难忘的场景：当年参加过战斗的老兵汇合在一起，永久埋葬了笼罩在南、北双方关系上的最后的疏离感。"老兵们以作战队形集合，"作者写道，"从两边向亨利山进军，重复五十年前的战斗情景。两支队伍相遇，停下来，双方紧紧握手。人群中爆发出一片欢呼声。很多头发斑白的老兵流下热泪。"

　　朱莉娅·沃德·豪曾与她的丈夫一同为人类和平事业而奋斗。在她丈夫去世的许多年里，她仍然为此做着不懈的努力。朱莉娅对于人类的新纪元有过一次奇妙的幻觉。她在去世前谈到那次幻觉时说了这样一些内容：

　　"最近的一天晚上，我突然从梦中醒来，我看到了一个即将到来的人类的新纪元，男人、女人们为了使人类脱离邪恶而团结一致，并肩战斗。

"来自各地的男男女女像勤劳的蜜蜂一样努力工作着。他们撕去了邪恶的面具，揭示出一张罪恶与痛苦交织的网，然后加以补救，并寻找着能对抗邪恶及痛苦的良方。

"似乎有一束神奇的无处不在的光，它的光辉无法用言语表达——那是新生的希望和同情的光在闪耀。光之源就是人类的全力以赴——无以计数的人在为着一个不朽的目标努力奋斗。

"我看见男人和女人们，肩并肩，手挽手，每一张脸上都闪烁着世所未见的荣光。所有人都为着一个共同的目标而前进，去征服同一个敌人，去实现同一个永恒的良善。

"然后我看见了胜利。所有的罪恶都从地球上消失了。痛苦消除，人类获得解放，走向一个互相理解、互相包容、互相帮助的新时代，一个完美的充满爱与和平的时代。"

朱莉娅所描述的是人类世世代代的梦想，是人类最初的希望。我们人类一直在努力，我们可以看到，每个世纪，每一年都让我们越来越接近它的实现。尽管我们中间还有矛盾和罪恶的存在，还有许多挫折和失败，人类博爱的精神仍在慢慢地生根，在人群中发挥效力。利他主义精神在过去的几十年里取得的进步比在前两个世纪里取得的进步更大。这可明显见于生活的各个领域。我们看见世界各地的人们在以更大的热情和同情心关心着那些不那么幸运的兄弟姐妹。在文明世界的每个角落，生病的、年老的、受伤的、失足的，以及犯了罪的人都得到了比人类历史上以往任何时候更多的关怀和人性的对待。

现在，让我们看看人类的进步吧！

首先在对待精神病人方面比以前更人道了。从前，这些不幸的人还在忍受最非人的对待：锁链、鞭打和各种各样的惩罚，好像他们根本不配得到我们的爱和同情。

监狱制度的改观也是很重要的一点。如今在许多监狱里，真诚友善、体贴周到正在取代古老的"以眼还眼，以牙还牙"的残忍做法，这真正有助于犯人的改过自新。旧的制度取人性命、摧毁人的精神，或使罪犯变得更顽固，它很少能改造人。新制度给犯人一次重新做人的机会。看看以前，旧时代的罪犯得到的惩处是极其野蛮的——割耳朵、用火钳挖眼、在拷问台上受刑、夹拇指、五马分尸，并且经常被慢慢折磨致死，这种折磨也许会持续几天时间。

是爱在提示我们要像基督对待罪恶那样对待罪犯，就像治愈疾病要用爱的药膏而不是残酷的对待。爱终将驱逐旧的残忍的做法，并将消除犯罪本身。当世界以黄金法则计划来运行的时候，犯罪的诱惑将大大减少，犯罪将自然消亡。

人群之中存在的不公正和不平等，辅之以个人对财富和权势的欲望，成为社会上大多数犯罪和痛苦的原因。当正义占了主导地位，当人人都与他的兄弟一样拥有同等的机会，监狱和贫民院将被学校和社会机构所取代。

人类未来的希望在于黄金法则的普遍实行，每年都有那么短短的一段时间，人们致力于实施这项法则，让我们恍如看到以黄金法则运行的世界会是什么样子。

在圣诞节期间，我们常常看到连最卑鄙、最自私、最吝啬的人都受到与人为善气氛的影响，而变得慷慨大度起来。尽管在一年的其他时间里他们可能尔虞我诈、冷血自私、不管他人死活，但在这一天里他们变得乐于助人、乐善好施。昨天他们还把钱包捂得紧紧的，今天却能为人慷慨解囊。圣诞节让死去的心复活。世界在这一天比其他三百六十四天离幸福更近一步。

是什么原因让他们这样？是因为我们实现了博爱之梦。

如果圣诞节的博爱精神能够贯穿全年始终，那么我们将向前跨出了多么巨大的一步啊！如果每一个人都像希望别人对待自己那样去对待别人，这个梦想将很快变成现实。

【第六章】

我们最大的盼望

宽容就像天上的细雨滋润着大地。它赐福于宽容的人，也赐福于被宽容的人。

——莎士比亚

世界上最美丽的事情，也是人人最渴盼的事情，就是爱。没有爱的生活是不可想象的，因为生活即是爱。没有爱就没有生活，没有爱的生活是生活的假象。罗伯特·英格索在给一个孩童墓前做的演讲中说道："我宁愿生活并爱在死神为王的地方，也不愿享受没有爱的永恒生命。除非我们来生继续爱那些今生爱我们的人，否则来生也是没有意义的。"

　　生活中最悲哀的，也是令大多数人胆怯的正是那种没人关心我们将来会怎样的感觉。

　　只要有人关心，就有动力。不管我们外表看起来多么失魂落魄，那种有人关心，有人想念，有人信任的感觉——无论是来自妻子、母亲、孩子、朋友，抑或一只不会说话的动物，都足以让我们从挣扎中站起来。如果我们子身一人，没有朋友，没人关心我们在这个世界上的沉浮输赢、是死是活，那种感觉是很可悲的。假设真有这样不幸的人，他一定是放弃了爱与被爱的努力。他一定是把造物主赋予每一个人的爱的本能给扼杀掉了。一定是有什么东西扭曲了他的本性。他不再是正常的人，因为上帝创造我们就是为了让我们去爱与被爱。

不久前，我收到一个人的来信，他说他厌恶爱，他再也不想听到或看到这个字眼。读书时，他会避开有关爱的主题，就算碰巧看到时，他也会跳过去。他发誓这辈子断绝与爱有关的一切，他不会再爱了。

他没有说是什么引起他对爱的这种极度的反感。也许是他情场失意，被某个女人抛弃；也许是他受到曾经信赖的朋友的欺骗或背叛。但不管什么原因，我都禁不住为他感到遗憾。他失去了让人变得神圣的东西，也是让生活值得拥有的东西。

很多人伤心失望，是因为他们的生活中没有或很少有爱。我曾听过一个女人说她不相信有真正无私的爱。当她倒了霉，对朋友无以回报的时候，她的朋友都转而背向她。因此，她说她发现一些所谓的朋友的爱只不过是自私。换句话说，这个女人相信人们的爱是以各自对双方有多大益处为衡量的。不用说，这正是她自己的心态。是她对别人的冷漠和不信任导致爱与同情离她远去。通常情况下，爱的付出和回报在于我们给予多少就收获多少。我们心中激起的怀疑、不信任、嫉妒和忌恨，这些特征一定在某种程度上存在于我们自身。也就是说，我们在他人身上所激起的情感因子是我们自身性情与性格的写照。正所谓物以类聚，我们在他人身上唤起的正是我们对待他们的态度和方式。

正是这种错误的心态，使我们中的大多数人把恰好是我们所渴望和孜孜以求的东西给赶跑了。每一个正常人都渴望爱，然而又有多少人在用错误的心态和不可爱的方式不停地驱逐着它呢？

那些缺少爱的慰藉的人，那些最大的失望是爱的本能没有得到满足的人，都无法让爱在心中燃烧，因为他们心中没有爱生长的环境。一颗充满怨恨、嫉妒、贪婪和冷漠自私的心，一颗过于追求名誉、地位和权势的心不是爱的容身之地。爱无法生长在这样的环境里，它会被冻死的。

一位终生没有得到爱的满足的母亲，与子女疏离的原因恰是她那不容人的脾气。她尖刻、挑剔、吹毛求疵的性格使家里的人觉得难以忍受，结果是她把孩子们心中对她的爱生生赶跑了。她的孩子在家里很不快乐，为此，他们总是愿意离开家，离开母亲。他们做什么都无法令她满意，她不停地挑他们行为举止上、着装上、生活习惯上的毛病。不管他们如何努力，都从未得到过母亲的一句赞扬或鼓励的话语。

真正的爱从不苛责，不吹毛求疵，不随意地发脾气。如果你想被爱，你就必须停止对别人的缺点大吵大嚷，转而寻找他的优点。请相信，只要寻找，总会找得到。

"在非洲中心的大湖区，"杜蒙德说，"我遇到的黑人们都还记得他们以前见到过的那位白人——戴维·利文斯通。沿着他的足迹一路走过去，谈起几年前来过这里的那位善良的医生，人们的脸上还散发着兴奋的光。他们虽不理解他，但却能感到在他心中跳动的爱。"

在肯塔基州一座边远的小城边上，有一片黄樟丛林，那里有一块雕凿粗糙的石头，上面爬满了青藤。石头上刻着这样的字眼："她总是和善地对待每一个人。"

在大西洋的另一边，伟大的伦敦城里，还有一块属于一个善良人的墓碑。这块碑虽与肯塔基小城的那块石头有天壤之别，其表达的情感是一样的。威斯敏斯特教堂沙福慈伯里的碑上刻着两个词——"爱、服事"。能得到这样的赞誉并不是因为他的财富、地位和智慧。他受所有人爱戴的原因正是那激励他一生为同胞服务的无私的爱。

爱是开启所有心灵的金钥匙。它是一道神奇的门，必须穿过它我们才能到达他人的内心，才能取得工作和生活上的成功。

没有爱的服务事业就算再好也会缺少一种神圣感。当我问一位救世军成员在感化那些从街上救回来的流浪者时，他们做的第一步是什么时，他说："我们首先爱他们。"这或许就是救世军迅速发展的原因吧。

无论做什么事情，都必须投入这种强大的力量，否则你不会有最高层次上的成就感。你可能因为一种责任感或者因为你是教会的一员，不愿落于人后，或因为其他什么原因，走进大城市里的贫民窟去帮扶穷人、指导无知的人，引领他们走上正确的道路。但如果你并不爱这项工作和你试图帮助的人，你的努力都是徒劳的。

我们要想让生活充满阳光和爱，就要做真正的男人和女人。要做真正的男人和女人，除了做生存所必须要做的事情之外，还有一些事情要做，这就是不管从事什么职业，我们都要把它当成充满人性的事业来做。这项伟大事业有许多方法可供我们在从事自身行业的同时加以实施，比如：为别人加油鼓劲的方法，助人一臂之力的方法等等。实际上，在生活的道路上播撒鲜花并不会让我们损失什么，何况同一条路我们再也不会重新走过。对于那些为我们提供舒适的环境，在日常生活中帮助我们的人——报童、司机、侍者、职员、火车上的搬运工、在家里服侍我们的人，我们至少可以报以微笑，说一句鼓励的话。善意的话语、微笑、一点鼓励似乎微不足道，对我们许多人来说也无关紧要，然而，对于孤独失望，渴望同情和鼓励的灵魂来说，也许意义非凡。

英国有个小伙子，正是由于陌生人的几句爱与同情的话语，而走上求学之路并最终成为一位著名作家。他的老师对一位到校参观者说："他是全校最笨的学生。他那脑袋我教什么他都装不进去。"

这位参观者与学生们简短交谈后，进入了另一间教室。可是，在离开学校的时候，他找到机会与那个所谓的笨学生谈了一次话。他拍着那学生的头说："不要紧，你将来会成为一个很有学问的人。不要泄气，要努力，并坚持下去。"

以前人们都说他愚蠢，一无是处，以至于他也相信那是真的。但这位伟大人物令人鼓舞的话语点燃了他的雄心壮志，让他对自己充满希望。这些话一遍遍在耳边回响，他对自己说："我要让我的老师和所有认为我一无是处的人看看，我到底有没有出息！"这男孩后来成为了著名的亚当·克拉克博士,《圣经》的伟大评论家和其他重要作品的作者。

鲁斯金说："爱是人与人之间互相欠下的债,因为我们所有人欠上帝的爱与关心的债,没有其他方式可以偿还。"换句话说,把我们的好东西与人分享,助人为乐的习惯不仅是服务于我们的邻居,也是对把我们派到这里来的上帝的一种服事。这些小小的善事将带给我们比金钱或其他收益所能带给我们的更大的幸福感和满足感。

一位作家说："如果我的爱残缺,我的生命就不完整。如果我心中有恨,我的生命就遍体鳞伤。只有当我以无所不包的普世的爱去爱人,那永恒之爱才会在我身上绽放美丽,并通过我的笑声表达它最神圣的喜乐。"

不管走到哪里,都要给别人的生活一点阳光,送出一些鼓励和善意,这是世界上最简单不过的事情了。生活中不乏这样的机会,写一封友好的信,说一句令人鼓舞的话,做一点善事,这些都将以多种方式回馈给我们,并给我们持久的满足感。

只有在日常生活中向所有与我们接触的人进行爱的实践,我们才能获得神本身所拥有的实质——那美丽的、自发的、所有心灵都极其渴望的爱。

【第七章】

老板与员工

　　一个人的力量是很难应付生活中无边的苦难的，所以，自己需要别人帮助，自己也要帮助别人。

——斯蒂芬·茨威格[1]

---

　　[1]　斯蒂芬·茨威格（1881—1942），奥地利著名作家、小说家、传记作家。

一家大工厂的经理素来以压榨工人出名，他正向董事会解释他是如何做到这点的："我跟你们说，我可以让他们做更多的工作，我就从他们身上挤。只有这样才能让工厂获得更多的红利。我让他们一刻也不放松，我就在后面盯着他们。他们不知道我什么时候来，他们都怕我。我让他们感到随时有可能被解雇，他们搞不清楚什么时候就会得到通知解雇的黄信封。"

　　这个吹嘘自己用血肉之躯铸造红利的男人的工厂里，雇佣着数以千计的女工和童工。其中的很多女工，当然都很穷，大都是来自大家庭里的母亲，她们不得不在工厂工作几个小时之后回到家里还要做那些煮饭、洗衣、缝补之类的家务活。这些活是她们早晨六七点钟上班前，或者晚上很晚回家后必须做的。

我最近与这种冷血、傲慢的生意人有过一次交谈。他告诉我他不想再干了，因为他受够了他那些不上进的员工。他说他的工人们总是欺骗他，诸如偷盗、毁坏产品、出错、偷懒、消极怠工。他们一点不关心他的利益，只关心工资袋里的钱。"我受够了，"他最后说，"我经营工厂的目的又不是为了他们的利益，我什么办法都试过了，试图让这些愚蠢自私的家伙们好好工作，但都没用。现在我是没辙了，我神经都快崩溃了，我必须放弃这种工作。"

"你说你试过了你能想到的所有办法管理你的员工，可你有没有想到试试爱的方式呢？"我问道。

"爱的方式？"他鄙夷地说，"你这是什么意思？我要不是随时挥舞大棒，我那些工人们早就骑到我头上来欺负我了。这些年来我都是雇佣侦探来保护我的利益的。这些人懂什么爱？我要是做这种傻事，随时都会出乱子的。"

一位用黄金法则的方法进行企业管理获得成功的年轻人，听说了这个情况后，从中看到成功的可能。他找到那位经理，恳请他在放弃之前，把工厂交给他做一次尝试。结果那位满腹牢骚的经理，非常欣赏年轻人的人品，不到半个小时就任命他为经理，尽管他仍然对这种实验持怀疑态度。

这位年轻人上任后的第一件事就是召集每个部门的员工，进行推心置腹的谈话。他说他来这里不仅是作为厂主的朋友，也是员工们的朋友。他要尽他所能不仅让企业获益，也要提高员工的待遇。他告诉他们企业现在亏损，要改变这种状况，使收支平衡，全靠他和工人们的努力了。他让他们明白和谐互助是企业和员工获得真正成功的基础。

从这天开始，他就给人一种愉悦、热情、鼓舞人心、充满同情心和希望的印象。他很快获得了所有人的信任和好感，工人们工作劲头十足，好像这工厂是他们自己的一样。大家都为之干得勤奋、幸福而满足。生意越来越好，在不可思议的短短的时间内，工厂开始赚钱而不是赔钱了。黄金法则的方法驱逐了憎恨、自私、贪婪和分歧。所有人的利益都集中在一起，获得了共同的繁荣。发生如此巨大的变化，以至于主顾们都开始谈论这家工厂的新气象。当厂主几个月后从国外休养回来时，他简直不敢相信"爱的方式"给他的员工和工厂带来的巨大变化这一事实。

有些人可以让任何人变成好雇员。就像亨利·福特所做的那样，把从街上捡来的孩子、监狱里释放的罪犯，改造成出色的员工。他们有能力唤醒这些人身上最好的品质——责任感、公平感和正义感，并以他们希望被对待的方式对待他们。

"要想让别人如何对待你,你就要如何对待别人。"千百年来的哲学思想都集中在这个简单的句子里。所有的律法和改革的原则都离不开它。这句话的实践终将清除所有的贪婪,最终人人将看到最好的福祉存在于周围所有人的最高福祉中。总有一天,人们会发现黄金法则即使在商业领域也是最明智,最商业化的做法。

戈登·赛弗雷德先生认为,如果雇主们以希望自己被对待的方式,或他们的子女被对待的方式去对待员工,劳资纠纷就不成为问题了。他说他在伦敦的大百货商店之所以成功,牢记这一点构成了其成功秘密的百分之七十。那家店曾在第三年就创下了五十万美元的利润。然而当年创业的时候,伦敦的生意人曾预测这家大百货店会彻底失败。保守人士说:"他不到一年就得破产。他不可能成功。我们可不喜欢这样做生意的。"

由于戈登·赛弗雷德在商业管理中引入了先进的美国式的精神,通过对员工们充满人性的友好的对待,他颠覆了旧的传统,打破了所有商业纪录。"我发现与英国雇员们合作极其令人满意,"赛弗雷德先生说,"他们工作都很卖力,还很忠实。"

按照这位伟大商人的做法，恐怕没有几个员工会不令人满意和不忠实，下面是他的经验总结：支付你的员工们体面的工资，不要让他们怕你。一个微笑，一句开心的话能起到极大的作用。给他们注入一种责任感，让他们感到他们是必不可少的一分子，一个车轮，也许很小，但却是整个商场里必不可少的一个轮子。总之，就像你希望别人如何对待你，或你希望别人如何对待你的孩子那样对待他们。

亨利·福特，约翰·瓦纳梅克，查尔斯·施韦伯和其他一些成功的企业家和商业大亨们，他们的成功和在雇员中的声望，都源于他们采用了与戈登·赛弗雷德在伦敦采用的一样的商业手段。亨利·福特在与一位采访者谈到他的新计划时说："如果我继续提高我们工厂里几千名工人的福利，就有理由相信他们会更好地工作，不是吗？"

在这之前，福特先生一直以来按照通常的做法，获利后再给员工分配。当他宣布他将把计划的年利润按比例提前发给员工的时候，业界都认为这一计划是唐吉柯德式的空想。福特先生却认为这只不过是一种社会公平的体现。他的理由是："如果人们怀着对更好的事情的憧憬而努力工作，那把这个好东西放在他们手里，又会怎么样呢？……我们已经精确计算过来年的生意。我们知道工厂的实力，也知道将得到的利润。这些几千万美元的预期利润将进入工人手中。他们不是靠附加的'如果'才得到它，他们每两周就能拿到自己的那一份。我们可以这样做，因为他们将帮助我们创造这些利润。

"当然，作为公司成员的我们，也会从他们的优质工作中获得利益，但即便我们的收益没能增加多少，我们也将满足于让两万名员工得到富裕和满足，而不是让工厂里几个残酷的老板成为百万富翁。"

施韦伯先生最近告诉我，他的利润分享策略正取得奇妙的结果。他说在任何红利支出之前，总利润的百分之十五都要在雇员中间分配。他手下的一个经理，去年在工资之外，根据利益分配计划，得到了五十多万美元，还有一个得到了四十万美元。

这就是商业领域里爱的方式。无论是在塑造更好的人，更好的工人，还是在创造利润方面，效果都很显著。

安德鲁·卡耐基说，如果他在钢铁界重新开始的话，他将在工人中采取这种利润分成的方式，以便让他们真正感到自己是合伙人，而不是被雇佣者。

能让员工们觉得自己其实是公司的合作伙伴，他们工作并不只是为了拿工资，实际是在唤起员工们的一种工作素养，这是用其他任何方式都达不到的。真正时尚、高效的管理者都明白，那种逼迫、压制、盛气凌人的做法，那种唠叨、怀疑、吹毛求疵的方法都是达不到预期结果的。对顾客也好，雇员也好，单边的买卖都不是好买卖。

唯有老板与雇员之间的伙伴关系才是成功管理的基础。如果老板这边有不公正、不断挑剔或让人感觉高高在上的情况，那员工就会感觉不公平，觉得自己是老板的附属品，良好的伙伴关系就不会存在。

憎恨不公平是人的本性。良好的伙伴关系意味着团队精神，老板和雇员之间有任何一方不满意，存在憎恨或恶意，要形成完美的团队都是不可能的。老板与雇员之间的伙伴关系是企业最大的资产之一。

这种良好的伙伴关系是约翰·瓦纳梅克商店的重要特征之一。有人曾听到瓦纳梅克先生的职员说："瓦纳梅克先生的一句'早上好'会让我们愉快地工作一个星期。"他友善的性情，欢快的举止，给为他工作的人们创造一个好心情和播撒快乐的愿望与他在商业上的杰出成就有很大关系。

一位工厂里拥有一千多员工的老板对一位来访者说："我想带你在这里走一圈，看你能不能找到一张闷闷不乐或不满足的脸。我能叫出这里每位员工的名字，他们也都认识我。

如果有人遇到不高兴的事，他或她可以径直到我办公室里来，没人拦阻，他们知道会在我这得到帮助。我觉得让这里的每个女孩子从早上进来到晚上离开都保持身心健康是我的责任。我不仅要让女孩们工作的时候心满意足，我还要让她们带着同样的心情回家，第二天再带着同样的心情来上班。你看不到哪个女孩子在我去的时候干活速度加快，或异常忙碌。她们知道我不是那种人。生意淡季的时候，我跟她们说休息好，慢慢来，因为我们十二月份会有很多活要干。结果不用我说一句话，她们十二月份干的活是四月份的三倍。我的员工们帮我做的是工资难以买到的工作。他们对我诚实，因为我对他们诚实，他们相互之间也很诚实。一天有人在一间车间的地板上发现二十八美元。我向全体告知丢钱的来领取，结果一千人中只有一人来认领，而他正是失主。除了挣钱，一个体面的人应该为工人们有这种精神而自豪。"

我认识的一个纽约生意人也是用同样的方法博得了公司里每一位员工的爱和尊敬。他说每当他在公司里看到一张悲伤、难过、不满的面孔，他都会叫那个人到办公室，对他说："瞧，你不高兴，一定是哪里出了问题。跟我说实话，出了什么事儿？"接着，这位不满的员工就告诉他问题的所在：也许是其他某个员工讲他的坏话，也许是他的上司对他不公。

不管什么样的抱怨，老板都会找来涉及此事的相关人员，只要双方坐下来把事情谈开，事情通常很容易解决，双方都高高兴兴地离开了。

这是通过善良、同情、公正和尊重使员工发挥潜能，在工作中获得幸福和满足的唯一途径。对这种待遇无动于衷的工人，他们身上一定严重缺乏什么，就像那个不忠实的建筑工人，他会为此付出代价。下面就是埃德温·马克汉姆讲述的有关一位工人的故事。

"他和他可怜的孩子们连住的地方都没有，一位慈悲的好心人心想：'我要给他一个惊喜，送他一个舒适的家做礼物。'于是，在不告之目的的情况下，他花大价钱雇佣这位建筑工在一个阳光明媚的山坡上建造一所房子，然后就到遥远的国外忙生意去了。

"留下这位工人没人监管，全凭自己的良心干活。'哈！'这人心想，'我可以骗他，我可以偷工减料，马马虎虎地干了。'于是，他偷懒耍滑，用质量低劣的钉子和木材。

"当那位好心人回来时，工人说：'这就是我给你造的好房子。''好，'那人回答说，'去吧，把你的家搬过来，因为这房子是你的了。'

"那人震惊了，他意识到，一年来他欺骗的不是他的朋友，他在一直欺骗他自己。'要是早知道我建造的是我自己的房子该多好。'他不停地自言自语。"

还有一个年轻人和这位不忠实的仆人一样。几年来他一直偷懒耍滑，早上很晚上班，找各种借口半天或更长的时间不来上班，诸如生病了，遇到交通阻塞了之类的。他不知道他是在欺骗自己，居然对自己提升不够快感到冤屈。他对我说他几年没涨工资了，晋升也无望。他还抱怨一些能力不如他的同事都得到提升了，只有他还在原地不动。

这位年轻人以为他的老板是瞎子，以为他多年来的蒙蔽没有引起别人的一点怀疑。他吹嘘他的能力，但他还是不够聪明，没有意识到他的老板之所以能坐到这个位置是因为他有阅人的智慧，知道哪些是忠实勤恳的员工，哪些是消极怠工的员工。这位年轻人，和与他一样类型的人最终将发现，和那个不忠实的建筑工人一样，他们在欺骗他们自己。

许多年轻员工，仅仅因为没能得到他们认为该得的工资，就把其他一些工资袋以外的更大更好的无数的东西给丢弃了，这样做只是为了与老板扯平。他们故意采取偷懒、尽可能少做的策略，结果他们没有得到比工资更重要的东西，他们变得心胸狭隘、效率低下，性情里面再也找不到慷慨豁达、高贵进步的品质了。而那些原本拥有的领导才能、设计能力、创造力和足智多谋这些构成完整的、全面发展的领袖人物的素质都未得到开发。因此，试图以吝啬的服务报复老板的心理，不但遏制了自身的发展，还使得自己将在渺小、狭隘、虚弱中度过不完整的人生。

另有一种雇员，无论他们在什么场所工作——办公室、工厂还是商店，他们都不够忠诚，随时随地贬低老板。与那些偷懒者一样，他们也是在伤害自己。我认识这样的一个人，他总是嘲笑老板，批评他的方式方法，对老板进行人身攻击。听着年轻人对老板愤怒的抱怨和尖刻的批评，我很痛心。

那些雇员贬损雇主和他所工作的地方，批评他们的方式方法，对公司政策嗤之以鼻的做法，除了说明他们缺乏善意和同情，还说明他们缺乏原则，在人格上也有很大的弱点。如果你不喜欢你为之工作的人，如果他们的方法不公平、不诚实，如果你的良心不赞同他们，那么你应该离开，而不是挑剔和批评。你应该另找一份工作。不管什么原因，贬损别人的习惯对损人者来说是极其有害的。贬损别人只会让自身精神处于痛苦之中，并扼杀创造力。要知道，一个心里怀有恶意的人是不会做好工作的。

还有一类雇员，脸皮薄，敏感，经不得雇主的任何批评和更正，即便那是为了他们好。一位这种类型的年轻人最近辞掉了工作，如他所说，他受不了总挨骂。他说他的经理总是批评他的工作，不断指责他做得不够好，他受够了，就辞职了。

脸皮太薄和过于敏感也是一种虚弱，这在事业上和社会生活中是要吃亏的。如果你想向上爬，想在社会上有一席之地，首先要足够坚强，不要惧怕批评和指正，尤其当它有助于你进步的时候。

有些员工连最小气的老板也挑不出任何毛病，因为他们总是工作得那么认真、努力。如果你的老板总是责备你，找你的毛病，请你仔细检讨一下自己，你会发现这不是没有原因的。扪心自问，你将发现把所有这些都归咎于他的卑鄙，归咎于他的不良性情和坏脾气，只是在掩盖真正的原因，在欺骗你自己。

一个单位的领导的素质会一点一滴地渗透到每一位员工身上，以至于他们很快也具有同样的性格特点，这种速度是快得惊人的。如果领导有崇高的理想，如果他举止儒雅、具有很高的文化素养，员工身上也会反映出这些特点。如果他举止低俗、趣味低下，他所引发的就是员工身上所有恶劣的东西。

大多数聪明的商界人士，还有许多普通员工都开始意识到老板与员工之间的利益趋同，互相尊重，给予对方同情、友爱和关心，简言之，就是实践爱的方式，才是解决劳资纠纷和其他困难的唯一的永不会错的途径。

总而言之，能不能塑造好的员工，很大程度上还是在于老板。我们能从别人身上挖掘出什么样的素质在于我们自己。这如同穿过一堆垃圾的磁铁吸出钉子、铁片、螺丝钉之类的东西一样。我们从员工和其他人身上发掘出的品质，也将与我们的情绪、动机，以及我们对待他们的方式相呼应。每一位经理，每一位老板，都是吸引员工身上某种素质的磁铁。有些人永远也抓不到员工身上最好的一面，唤不起他们最优秀的品质，这是因为他们使用的方法不当。要知道，他们的性格表现在方法中，他们吸引的是人性中最低的，而不是最高的特点。

这是一个拿和给的世界。作用力与反作用力是相等的。我们得到我们所给予的。我听到有些雇主说："浪费我的同情心帮助那些员工有什么用？他们不知感恩，他们是一群牲口。"如果抱着这种态度对待员工，你就会遇到很麻烦的劳资纠纷。你的员工是你的兄弟姐妹，只有把他们看成兄弟姐妹，并像对待兄弟姐妹那样对待他们，你才能摆脱困境，他们才能为你提供更好的服务，你也会要求从他们身上获得最大的好处，这是人之常情。

【第八章】

怨恨之墙

人间如果没有爱，太阳也会灭。

—— 雨果

鲁斯金家对面山坡上有一个采石坑，这个采石坑就像一块丑陋的疤痕破坏了他最喜欢的风景。此后，他喜欢在以前观赏湖光山色的窗前放一把大椅子，以便在他工作的时候可以挡住那块疤痕，因为那疤痕常打断他的思路。

　　如果你曾经从你相信和信赖的人那里得到过这样一个丑陋的疤痕，如果你身上有这样的创伤或弱点损毁了你的幸福，请不要盯着它看。让那痛处打开，再现那痛苦的经历，对伤害你的人心怀怨恨只能加重你的痛苦。唯有用爱的纱布盖住伤口，忘掉并原谅这伤害，你的伤才会很快痊愈。一位伟大的歌唱家正是用这样的方式对待她的仇人的。这是《生活的道路》一书中所讲的故事：

　　当桑塔格夫人开始她歌唱生涯的时候，她曾在维也纳被对手阿米利亚·斯坦尼格的朋友们轰下过台，而阿米利亚由于挥霍无度事业开始下滑。几年过去了，桑塔格夫人在歌唱事业上取得了辉煌的成就。一天，她驾车穿过柏林，看见一个小孩领着一位盲人，她说："过来，孩子，你手里领的那位是谁呀？"

孩子回答说："这是我妈妈，她叫阿米利亚·斯坦尼格。她以前是歌唱家，但后来嗓子坏了，她不停地哭，眼睛也哭瞎了。"

"替我向她问好，"桑塔格夫人说，"告诉她一位老朋友今天下午要去拜访她。"

随后不久，桑塔格夫人在柏林为这位盲人举行了义演。她请了著名的眼科医生去给她治疗，虽然失败了，但医生尽了最大努力。桑塔格夫人细心地照料阿米利亚·斯坦尼格直到她去世，后来又照顾了她的女儿。这就是一代歌后对她对手的所作所为。

这就是爱的方式，就像耶稣给他使徒的圣诚："要爱你们的仇敌，善待憎恶你们的人，为侮辱、迫害你们的人祷告，这样才能成为天父的孩子。"

要得到真正的幸福，就要做到别人诅咒你祝福，别人憎恨你去爱，别人责罚你忘记，别人争斗你屈服，别人抓牢你放弃，别人获得你失去。"

复仇、偏见、憎恶、怨恨及诸如此类的恶意家族成员，是对身体血液的一种刺激，不仅毁掉了怀有这种心理者的幸福，也毁掉了他们的健康。

我认识一个人，他多年来对曾解雇他的一位雇主一直怀有可怕的怨恨。他不仅在大街上遇到以前的雇主拒绝与其讲话，还一有机会就在背后指指点点，说他以前雇主的坏话。

后来，这位雇主生意失败，在走投无路的情况下，为了维持生计，他到他曾解雇的人那里谋职，因为那人如今已经发达了。那人对此幸灾乐祸，很高兴终于有了报仇的机会。他不但不帮他，还给他一顿痛骂，告诉他这些年来对曾经的伤害他有多恨，现在又是多么高兴有机会看到他的痛苦，让他也尝尝被拒绝的滋味。他为他所认为的敌人的不幸而欢喜，到处向人炫耀他的胜利。

可是，像所有尝试报复的人一样，他也为此付出了昂贵的代价。憎恨在身体里积聚那么久，无疑对健康造成了损害，他因此患上了严重的神经性胃痛、风湿症，肝和肾也出了问题。他的医生告诉他，正是精神上的烦躁不安造成他神经系统的崩溃。

所有那些对他人心怀怨恨，无法根除意想中的伤害，任痛苦的情感在心中滋长的东西，都会降低人的活力和身体抵抗力，对身心造成伤害。为真实的或意想中的伤害争取报复的心理，还有所有的恶意、憎恨都是飞去来器，迟早要返回到投射者身上，最终受到更多伤害的是自己，而不是别人。

还有一个故事，讲的是一个人非常穷，后来他积聚了一笔财富，并建了一所豪宅。这个人因与一个更穷的邻居争吵过，他便在豪宅周围筑起一道高高的围墙把邻居家的房子挡住。夏天凉风吹不进，冬天太阳照不到，邻居家因此变得很不舒适。更糟的是邻居家有一个患有肺结核病的妹妹，她极需要阳光。尽管这个先穷后富的人知道这一点，但只要能报复跟他吵架的人，他才不关心谁难受。

这对邻居好几年都没讲过话。有一天他在邻居家门口看到一辆柩车。他忽然意识到是他家那位生病的妹妹去世了。她这么快死去会不会因为她住的那个房间缺少了阳光和空气呢？这个想法一直折磨着他，为此，他千方百计想摆脱它，于是就对自己说："这么想多傻呀？这跟我一点关系都没有，邻居可以把病人搬到别的地方去呀，她的死不是我的错。"但这种想法就是压不下去，他决心去找那个他恨了很久的人，告诉他如果他希望，他可以把墙拆掉。但每次下了决心，有了机会，他心里就有一种他也解释不清的顽固的东西在阻止他，劝他再等等，再等等。直到最后那个人也消失了，他也没有采取有实际意义的行动。有一天，他看不见他在房子里出入，一打听才知道邻居病得很重，快要死了。这更加重了他心里的折磨和悔恨，因为他害怕跟上次一样，这一次是不是也跟怨恨墙有关系。

他再次下决心去看那个人，请求他的原谅，然后拆掉高墙。这次他走到了邻居家门口，但他仍然鼓不起勇气走进去。他在想，人家会不会赶他走。于是他的行动就这样再次被搁浅，直到有一天他在邻居家门上看到黑纱。他才知道邻居已经去世了，他在有生之年再也弥补不了他的过失了。

葬礼过后，他开始拆除那为刁难邻居而筑起的怨恨之墙。他心里一直在为两个人的死而责备自己。他的余生笼罩在悔恨之中。因为他无法忍受看到对面那孤零零的空房子，最终他搬离了那座豪宅，而这里也成为他永久的伤心之地。

那些对别人心怀不满和憎恨的人，那些筑起怨恨之墙阻挡邻人阳光、空气和风景的人，从这些恶意的做法中他们不会得到真正的满足。当他们意识到这只是给他们的愤怒和怨恨火上浇油时，一切都为时已晚，他们只能活在更大的痛苦之中。

因此，对人心怀善意是治疗社会上一切罪恶的疗方。如果我们对人心怀善意，就不可能怨恨邻居，任意伤害别人。在黄金法则里面，在爱里面，憎恨、恶意都无以存活。爱将融化所有偏见，消除所有恨和嫉妒，化解所有痛苦。所有大门都为爱而开启。爱没有敌人，它处处受到欢迎。它无需介绍，万物就会回应它的问候。它把野兽转变成最可爱的宠物，它让每一个人远离兽性和残忍。

想一想，人们为复仇付出的是多么可怕的代价呀！它不但阻碍进步，扼杀效率，还毁掉幸福和人格。

我认识这样的人，他们多年来带着憎恨的情感、复仇的愿望和与伤害他们的人扯平的决心，导致自身性格大变，变得人不像人。恨、报复和嫉妒像致命的毒药，对我们健康的危害不亚于砒霜对身体的伤害。

再想一想我们等着机会去伤害别人，报复别人，这是多么不人道，多么可鄙的事情啊！

罗伯特·布朗宁说过："原谅是好的，忘记更好。"可是，很多人提起曾伤害过他们的人时会说："我可以原谅，但我不能忘掉。"这并不是真的原谅，因为只要我们心里还记着这伤害，我们就没有从心底里原谅。这不是爱的方式，不是上帝的方式，因为他会对做了错事并悔悟的人说："尽管你犯下了血红的罪，我要把它们变得雪一样白。"

如果你想远离这种怨恨之墙给你带来的巨大伤害，那么，选择爱的方式绝对是你最好的选择。因为它会让你获得邻居的尊重和爱，获得你自己灵魂的赞许。也许你已试了报仇的策略，憎恨的办法；你已试过了忌恨的方式，担心、忧虑的办法，而这些只会让你更加痛苦。你也尝试了通过诉讼解决与邻居和生意伙伴之间的问题和烦恼，也许你赢了诉讼，却也得到了终生的敌人。也许你还没有尝试爱的方式。如果你还没有把它作为原则、作为生活哲学、作为伟大生活的润滑剂，那么从现在开始吧。它会神奇地抚平你人生路上所有坎坷。

把爱的方式作为生活原则的人总是看到人最好的一面，谈论对人有益、令人愉快的事情。我们大多数人的问题在于我们没有把爱的方式作为生活原则，我们没有释放我们的天性，敞开心灵和同情的大门，请进美意、欢快和温暖的阳光。

如果我们像对待自己那样宽容地对待别人，像容忍自己缺点那样容忍别人的缺点，我们就不会那么易怒。对每个人怀着好意、善良和同情，这种习惯将使我们脱离妒忌和狭隘，丰富开阔我们的心胸，美化丰富我们的生活，使我们变得更加高尚。

然而，我们到处都看见人们花很多时间在为一些无足挂齿的小事争吵、唠叨、抱怨、气得发疯，筑起怨恨的篱笆墙。这对本可以神圣地度过一生的人们来说是何等的遗憾啊！你能在朋友和同事身上看到多少上帝的存在，你就能唤出多少他们身上及你身上的神性。这就是博爱、和谐和幸福的秘密。

正是憎恨、自私和贪婪的心理迷惑了人们，以致这些人愿意发起可怕的战争。在这战争悲剧中的人们心里没有爱，他们不知道什么叫手足之情。宝山训诫、黄金法则对他们来说都是陌生的。这时，爱若在他们心中萌生，就将会带来新的秩序。

只有遵守圣训"要爱你的仇敌"，你才能拥有平和、喜乐，除却纷争和不幸。所以，请你小心以往的恩恩怨怨所埋下的根，小心那复仇的心理及各种借口。把它们连根拔起，抛开并忘掉吧！否则你会后悔莫及。再也没有比"要爱你的仇敌"更科学的论断了，因为爱是各种怨恨的解药。对别人以诚相待，你就没有敌人。

恨与爱水火不容。黄金法则的实践，对"爱你仇敌"训诫的谨守，杜绝了复仇、嫉妒、贪婪和一切不义，把敌人变成朋友和兄弟。你对别人的想法也是别人对你的想法，别人对你的态度也真实反映出你对别人的态度。这是科学的，也是自然的。人人都喜欢被宽宏大量地对待，这样才能把心软化，把恶意抛到九霄云外。在友好、互助、博爱的氛围里面，憎恨没有生存的空间。和解的态度百分之九十九会让你远离对立与纷争。对那些所谓的仇敌以爱的方式相处将消除世界上大部分与法律有关的事务。若竞争对手之间常用爱的方式，而不是诉讼的方式解决问题的话，很多律师就没事可干了。

你可否意识到通过屈服而不是抗拒，通过让步而不是固执的方式，你卸除了多少怨恨？唤醒了伤害你的人心中多少美好？很多人就是这样把仇敌变成了朋友。

屈服吧！我的朋友，这是爱的方式。不要抗拒，不要固执己见，不要只想伸张自己的权利，而要对仇敌或意想中的仇敌表现出你慷慨、宽宏大量的一面。你就会唤起他心中美好的一面。他将对自己说："我以前怎么没发现他是这么好的一个人，他素质太高了。"他将被你在完全有理由反抗的情况下所做出的屈服和让步行为所深深折服，从而成为你的朋友。他不可能不被你的宽宏大量所打动，就像你在街上偶然碰了下别人，在你诚挚的歉意下，他不可能对你心怀怨恨一样。

憎恨、抵抗的方式，设法报复的做法将导致痛苦和灾难。不久前，一位十五岁的男孩枪杀了他的叔叔。被逮捕时他声称是因为他的叔叔辱骂了他妈妈，这个男孩十五个月来对此念念不忘，决心报仇雪恨。想想这可怜的孩子，他的年轻生命才刚刚开始，就因为忍受不了一点点伤害而成为杀人犯，毁掉自己的一生。就算他不付出生命的代价，他给亲人们带来的也是多大的耻辱啊！盲目地向心中的假想敌寻求报复，这是一件恶劣的事情。人生苦短，我们怎能轻率地向人发泄怒火和怨气，怎能在身前竖起盾牌，准备随时抵挡别人呢？我们的灵魂经受不起憎恨与报复的折磨。它们能谋杀效率并毁掉幸福。

当婴孩把手放在火上，痛苦就给了他一次教训。他知道不能再那么做。在我们复仇之后，在我们经历了撕心裂肺的痛苦的折磨之后，在我们有了很多这样的经历之后，我们应该晓得这是一笔昂贵的交易，我们不能为了报复某人而付出如此昂贵的代价。

下一次当你义愤填膺、血脉贲张的时候，冷静地考虑一下，不要付诸行动。下一次，当你对你认为伤害了你的人怀恨在心的时候，不要这样做。你只是在你和上帝之间竖起一道怨恨之墙而已。有比发怒和忌恨更好的方式，一个能给你心灵宁静和无限满足的方式——爱的方式。试一试吧！

不要寄出那封你带着怒气写的尖酸刻薄的信，你以为你做了一件很漂亮的事情，你以为你出了口恶气，报复了那个伤害你的人——把它烧掉。因为有更好的方式——爱的方式。试一试吧！

不要对那个说了你坏话的人说出你打算说的坏话。反之，以爱和宽容对待他，对自己说："他是我的兄弟。不管他做了什么，我不能对不起他，我必须对这个兄弟表现我的友好和宽容。"

法国的医生在给战士疗伤的时候使用电磁铁吸出弹片和其他金属碎片。把爱的磁铁应用在伤害过我们的人身上，我们的仇敌身上，也将吸出那些不健康的东西或有毒的物质。爱是精神上的磁铁，它能拔掉各种各样的伤害和侮辱之刺，它消除不和，因为它不但谅解，而且能忘记。

【第九章】

工作并快乐着

完成工作的方法是珍惜每一分钟。

——达尔文

弗兰克·克瑞恩博士说："热爱工作的人是上帝所喜爱的。"工作不是对人类的诅咒，而是对人类最大的祝福。除此之外，没有任何一件事情为人类做出了这么多的贡献，给人类这么大的幸福，把那么多人救出绝望的深渊，又挽救了那么多人的生命；没有一件事情能如此激发潜能，发展和强健体魄与心智。

　　哈佛大学的理查德·凯博特博士说："人是一种不在运动、变化、行动和前进中获得平衡就不会感到健康、快乐和有价值的生物。"换言之，无论男人还是女人，如果不从事积极的、有建设性的、对人类有某种补益的工作，就不会感到健康、快乐和有价值。有一位妇女，因其丈夫身体不好，失去了生活来源而不得不出去为生计奔波。她说直到她出去工作，才知道什么是真正的幸福与满足。她还说以前当她无所事事时，让她非常恐惧和烦恼的事情在她身负重任的时候都一股脑地消失了。在展现才华的日常工作中，她找到了新的生活、新的勇气、新的理想。独立工作以后，她的健康也得到了极大的改善。

很多人都存在着一种模糊的看法，以为快乐、有意义的生活是工作以外的事情，是一种神秘的大部分由命运所掌控的东西。事实上并非如此，快乐、有意义的生活是完全由我们积极调动我们的个人资产而决定的。

成功和幸福在我们自己的双手里铸造。这铸造就是我们所说的日常工作，它包括让生活尽可能过得好。请注意，这里所说的工作并没有超乎寻常的拼搏与奋斗，只是诚实、认真地做事。

阿尔伯特·哈巴德说过："要从工作中获得快乐，否则你不知道什么是真正的快乐。"你要对自己感到满意，然后才能快乐。要对自己满意，就要做对自己最好的事情。我从未见到一个懒散的人赞许自己或认为自己很了不起。这种人总是不安分、不满足、不快乐，总在寻找新的刺激。因此，无所事事的生活绝不是快乐的生活。

人生在世，唯一的满足是做一个真正的人，而过着懒散、没有意义的生活的人是不会成为真正的人的。一个人最大的快乐就在于在日常工作中展现自己的活力与能力。如果你有足够的活力，如果你拥有艺术家的灵魂，无论你从事什么，无论你的工作有多辛苦，你都会从中发现快乐和满足。

人最大的错觉之一就是以为自己具有能完成复杂活动的身体，具有神圣潜质的心灵。如果是这样，那么人的无限渴望就可以通过生活中的泡沫，通过那不甚令人满意却也闪闪发光的娱乐来实现。但人体是用来行动的，是被设计要做有益的工作的。有着健全肢体的人若不工作就不可能有快乐的生活。要想幸福，就要遵循自然规律，我们无法欺骗自然。工作、爱与玩要保持着人的完美平衡。

"逃避工作将不可避免地带来精神上的损失，"汉密尔顿·麦博说，"因为工作是教育人的最普通，也是最有深远意义的方法。如此深刻和丰富的教育过程，必将成为精神生活的一部分，因为教育总是作用于精神的。通过使用劳动生活中的简单意象，承认工作的神圣，把工作作为神圣生活的一部分。"人若只是从生活的粮仓里往外拿工人们放进去的好东西，而自己并不做任何事情去生产或挣得这些东西，人身体里面就会有一种谴责和反抗。如果他不做他的那份工作，身体里就会有什么提醒他，他是自私的、可鄙的，他是窃贼。这好比你在茫茫大海上遇到沉船事故，你爬到其他乘客用沉船碎片拼成的大筏子，采取舒适的姿势，尽情吃喝所剩无几的食物和饮水，在大家奋力向岸边划去的时候，你还拒绝做你的那部分工作，你会有什么感觉？你的同伴又会怎样看你？他们把你从船上扔下去也不过分吧？

现在整个人类就是一个大垫子，飞快地航行在宇宙中，每一个人的工作都是保证这个大垫子向着正确方向和预定目标行驶的必要组成部分。若有一个人忽视他的工作，整个垫子就要遭殃。

若不是有工作，人类的精神恐怕要崩溃。正是诚实、有益、经常性的工作维持我们身心的平衡，使我们处在正常的状态之中。

我们所热爱的工作是上帝给予我们的良药。上帝让人得以发展的计划就是工作。

只有在工作中才能找到幸福。然而又有多少人在为不得不工作而抱怨呢？有谁不是常常问自己这个问题："为什么全能的主不让面包长在树上，不给我们现成的衣服和房子，好让我们有时间发展智力和文化，去旅游和娱乐呢？"

可是我们又有多少人明白我们之所以向往一些东西，是因为它的得之不易。假设造物主为我们准备好了一切现成的东西，每个人出生时就已大学毕业；假设不需要任何努力每个愿望都能得到满足，谁又愿意活在这样一个没有骨气的软塌塌的世界呢？谁愿意生活在没有梦想、没有向上动力的世界呢？

这不是上帝的方式。上帝为人类设计了一个通过工作取得辉煌成就和自我发展的生活。生活的特点就是不停地活动。任何试图取代工作，取代个人努力的做法都是徒劳的。

在生活中，只有通过自己的奋斗，才能得到有价值的东西。我们听说过有些男人和女人试图不劳而获。我们也认识这样的一些人，他们自私、散漫、贪婪、傲慢、能力平平。他们不思进取，厌倦和饱足给他们的痛苦比最艰苦的工作的痛苦还要大。他们不停地寻找快乐，可找不到，因为他们没有付出。

高昂的斗志和充实的工作是构成幸福的重要因素。当我们与环境相协调时，我们便有了高昂的斗志。当我们出色地完成一天的工作，满足感便油然而生，因为我们在正常地、正确地使用人这个机器。我们尽了自己最大的力量，发挥了最好的水平，为世界做出了我们自己的那份贡献。如果我们找准了位置，做对了事情，那我们从一天的工作中获得的幸福和满足感将无与伦比。

从未听到哪个人因做自己喜爱的工作而精神崩溃。如果你热爱你的工作，它不但不损耗你的精力，反而会带给你乐趣和无限动力。如果我们全都找准了位置，做对了事情，我们的工作就将像玩一样。

有热爱就没有摩擦和不和谐，而让生活疲惫不堪的正是摩擦与不和谐，它们消耗我们的体力和脑力。新思想的哲学指导我们，我们对工作所持的心态，我们的生活目的与我们的成就、与幸福和成功有极大的关系。只有在你意识到你的职业中有比面包、黄油、住所大得多的东西时，你才能让生活成为一件真正的杰作。只有把工作看成天父指派给我们，要用爱心完成的任务时，你才算拥有正确的心态。用生命教给人们如何生活的耶稣说："按照差遣我来的那位的旨意做事，完成他的工作是我的快乐。"还有在加利利所说的："我已在地上荣耀了你，已完成了你给我的工作。现在，请给我你的荣耀吧！父亲，那在这世界之前我与你所得的荣耀。"

下决心干一行爱一行，这种心态是引导你走向成功的第一步。即使你所做的工作不令人愉快，我们也要设法做好它，全身心地投入，拿出艺术家对艺术的那种狂热，你必将摆脱它的枯燥乏味。工作中的抱怨和不情愿无助于你从不和谐的环境中脱离并最终找到适合你的位置。只有抱着正确的心态，持之以恒地努力，你才能在即使不喜欢的工作中也获得一定的成功，从而敲开真正属于你的工作的大门。

努力工作从不会没有回报。千方百计地做好哪怕是最卑微、最讨厌的工作，这才是成就生活伟业的精神。

除了工作，幸福之路别无他途。

〔第十章〕

实践爱的方式

爱之花开放的地方，生命便能欣欣向荣。

——梵高

那是异常寒冷的一天，刮着刺骨的寒风。一位衣衫褴褛、弯腰驼背的老妇人，肩上背着一大捆柴火正在街上走着。忽然，她看见一位贫穷的盲人风琴师的帽子被风刮到了路边的沟里。很多衣着光鲜的人从旁走过，但他们只是把大衣裹得更紧一些，匆匆而过。老妇人停了下来，用颤抖的手指解开了捆在肩上的绳子，把柴垛放下来，走过去捡起帽子，把它戴在盲人的头上，对他说："这天太冷了，你今天收入怎样？"

"不怎么样，天气太糟了。"那人回答说。

老人往盲人装零钱的小杯子里看了看，发现那里几乎什么也没有。这位好心人把手放进衣兜，掏出为数不多的几枚硬币中的一枚，放进杯中，说了句"祝你好运"，便重新背上重担上路了。

　　爱从不因负担太重而不去行善，从不因太穷而不给予，从不因太忙而不去帮助别人。它总能找到付出的途径。

　　这是爱的方式。

　　纽约公立学校低年级有一百五十多名盲孩子。这些孩子所学的和那些比较幸运的兄弟姐妹们所学的一模一样。他们参加同样的考试，按同样的标准测评。他们和正常的孩子坐在同一间教室里，老师对他们一视同仁，并不因他们是残疾儿而给予他们更多的优待。

　　负责这些盲孩子的教师说他们的最终目的是让这些盲孩子忘记他们是瞎的。

　　这是爱的方式。

　　一位贫穷的、腿有残疾的男孩，按照朋友们对他残疾的忽视程度来区分他们的等级。他说他经常遇见一些人，他们虽然并非恶意，但他们还是不停地提到他的缺陷。他们问他是否一直如此，还有没有救，他是否感到很痛苦之类愚蠢的问题。相反那些有爱心有想象力的人们会设身处地地为他着想，他们对待他从不让他感到与别人有什么不同，或让他觉得自身处在一个不利的位置。他们从不提他的残疾，就像它不存在一样。他因他们的温柔而心存感激，这样的人是他心目中的好朋友。

　　爱想方设法让人忘记他们的烦恼、磨难和不幸遭遇。爱增加人们的希望，让人向前看，向上看。它激励人们去战胜困难，不让困难把人压垮，避免个人生活在痛苦之中。好朋友从不提示我们的个人缺陷，也不责备我们的缺点和罪过。伊丽莎白·弗雷在伦敦监狱里工作的时候，有个来访者问她某个女犯人犯了什么罪，她回答："我从未问过她。"这位伟大的女人不想知道那女孩的过错，只想帮助所有不幸的女人脱离可怕的过去，尽可能地回到生活的正轨。

　　这是爱的方式。

　　有一个故事，讲一位天使从天堂被派遣到伦敦参观。一个向导引领这位神圣的使者参观整个城市。这个向导带着天使参观了伦敦最好的美术馆、博物馆，最美的公园、广场，以及许多名胜古迹和大都市的游览胜地。天使礼貌性地看了这些，然后要求去参观那些贫穷的地方。向导解释说那些地方很不好看，生活在那里的人们低贱堕落，看他们只会让他痛苦，最好不要去那种地方。可天使坚持说他要看到城市的全貌，两人就出发去了伦敦的东区。

　　在那里向导指给天使看哪些人犯过罪，哪些女人堕落得不像个女人以及各种各样在监狱里呆过好多年的犯人。与向

导预料的相反，天使并没有厌恶地走开，而是面带笑容地走
到他们中间，热情地招呼他们，与每个人握手，告诉他们见
到他们自己有多高兴。向导因此觉得很羞耻，责备天使并坚
持说一个体面人不应该与这种人交往。

"他们是被社会排斥的歹人，"向导说，"所有好人都与
他们相隔绝。"

"他们没有什么区别，"天使说，"不管这些人以前做了
什么，他们都是上帝的孩子。他们是我的兄弟姐妹。我与上
帝住了那么久，我能在他们身上看见上帝。尽管他们现在处
境悲惨，我仍能感觉与他们的亲缘关系。我同情他们，可怜
他们，我爱他们。"

爱不盯着别人不好的地方。它只看人的好，在人身上寻
找最好的一面。无论一个人跌落得多深，爱仍然能在他身上
看见上帝。

这是爱的方式。

当有人问一位富人他一生中哪一件事给他最大满足感的
时候，他回答说是在一个贫穷女人的房子濒临被没收危险的
时候，帮她付清了贷款。他说当他告诉她这是他所做的事情
时，那女人脸上浮现的幸福的微笑、欢喜和解脱的表情所带
给他的快乐比他做的任何大事情所带来的快乐都大。

给我们带来真正幸福的并非生活中的大事件，而是一些小小的善举、微不足道的帮助、几句暖心的话语和日常的爱心表达。生活中的大事件只是偶尔发生，且只发生在少数人身上。但不管我们多么贫穷，生活多么平淡无奇，我们都可以做善心的慈善家。我们可以每时每刻给需要的人以微笑、鼓励和同情。对一个沮丧的灵魂来说这些比金钱更有意义。

这是爱的方式。

我们帮助别人越多，越能紧密地触摸到别人的生活，自己的发展也越大，更多的爱和能力将帮助我们。伊丽莎白·贝莱特·布朗宁说的好：

"你帮助过的穷人，将使你变得富有；

你扶助过的病人，将使你变得强壮；

你所施与的任何帮助，

都将反过来帮助你。"

在帮助别人的时候，你失去什么了吗？为愁苦的人减轻重担的时候，为伤心失望的人给予鼓励的时候，你后悔过吗？在人生的旅途中，你后悔过拿出一点点时间、一点点精力，去播撒阳光和鲜花吗？

让我们都去践行爱的方式吧！世界因此而美丽、温暖！

【第十一章】养育子女

作为一个人，对父母要尊敬，对子女要慈爱，对穷亲戚要慷慨，对一切人要有礼貌。

——罗素

不久前，一位妇女向纽约地区法院提出申请，要把他的儿子送到少管所。

法官问其原因的时候，伤心的母亲回答说她儿子太坏了，她实在管不了了。法官又问那孩子，为什么不能表现得像个男人，对妈妈好一点。她儿子的回答令法官大吃一惊："因为她打我的狗。"

原来邻居送给男孩一只三个月大的小狗，男孩非常喜欢，并教会这只狗很多小把戏，诸如向人作揖、用嘴叼东西之类的。这个男孩给小狗造了一个小房子，还自己挣钱给狗买了一只项圈。

这位母亲承认她觉得这小狗很讨人嫌，因此经常抽打它，男孩的姐姐们也常这样做。但她也承认自从小狗来到她家，儿子不像以前那样没事就到街上闲逛了。法官建议她把男孩送走之前，先做个实验，尊重男孩对宠物的爱，不要责备他和他的宠物。

女人照好心法官的建议做了。过了一段时间，她开始意识到男孩对那只狗比她对她儿子还好，她开始理解男孩并鼓励他，对狗也和善起来，再也不训斥和鞭打它了。结果男孩变了，变得越来越好。

来自父母和监护人的一点点宽容和爱，对儿童天性的一点点理解都将对那些所谓的只能进管教所的积习难改的坏孩子带来很大的改变！暴力和压制只能催生顽劣、粗暴等不可爱的品质。只要给爱适当的机会，这样的奇迹随时都能发生。爱是伟大的教育家，是青年的伟大导师。就像唯有太阳才能催开花蕾，使鲜花绽放，使果子成熟，带来馥郁和芳香一样，只有爱才能让孩童健康美丽地成长，它是唤起真实、美丽本性的唯一力量。

法官林赛也许比任何研究儿童的心理学家和专家都更明白成长中的男孩和女孩的特点，他说："孩子是神奇的生命，一架神圣的机器。我们在他身上有很多期望，但他对我们也有同样的期望，而且从他身上返回来的大部分取决于我们给予他的东西。"

出于本能，儿童会羡慕那些美好的事物。他们天生崇拜英雄，对那些关于英雄主义、忠诚、骑士风度及所有反映人类最高级本性的故事反应热烈。儿童有与生俱来的高贵品质，但错误的养育，比如压制、唠叨、责骂、恐吓以及饮食不足或饮食不当对身体造成的影响，这些都可能而且常常把一个原本正当养育下会很出色的孩子变成可怜的失败者。

　　一般来说，孩子的命运与早期的环境，与父母、老师、同伴有很大的关系。天性中的那些品质和特点能不能得以发挥，正是取决于这些条件。这些天性中的品质和特点是儿童心中蛰伏的种子。不称职的母亲和老师往往只会诱导儿童身上坏的东西，而一位好母亲和好老师则会开发他们身上最好的一面。所谓恶生恶，高贵生高贵，说的就是这个意思。

　　我们要想得到孩子身上最好的东西，就不能压制、监视、批评他。我见过这样的孩子，他们因家长不断地贬低、揭短，用愚蠢、饭桶之类的话责骂而变得心灰意冷，对自己失去信心，不但不能以正常健康的方式发展，而且在学习、工作等各方面落在人后。

　　我们是不是经常听到父母这样对孩子讲话："快起来，你这个懒惰没用的东西。你怎么这么笨呢？从没见过你这样的木头脑袋！怎么还不快点，你真没用，简直没救了！"一段时间之后，这种贬斥就会使孩子心灰意冷。孩子将变得不再关心，不再努力做到最好，当然他也就开始了堕落。

孩子喜欢被表扬和欣赏。许多孩子，尤其是比较敏感的孩子，离不开表扬和欣赏。一旦这样的孩子受到打击，必然激发他的憎恨和对立。有一位父亲，每次儿子犯了一点错误便大发雷霆，毫不留情地打骂儿子。他搞不清楚为什么儿子跟他不交心。他抱怨说儿子有事总爱跟别人说，告诉别人他对未来的理想和抱负，跟他却什么也不说。他当然什么也听不到，他有理由期望这个吗？

父亲先生，如果有人像你对待儿子那样对待你，你作何感想？你有可能与之交心，成为知心好友吗？你对儿子残忍，就不要期望唤出他身上天使般的品质。

你若不能做儿子的朋友，就不要指望他把你看成榜样，甚至一个好父亲。你每次在愤怒中对儿子的惩罚，只会引起他的鄙夷。他知道你这样做是因为你更强壮、你在展示父亲的威风。

要想取得儿子的信任，就要像从朋友那里获得信任一样，除此之外，别无他法。只有爱和尊重，才能换来爱和尊重。如果你以正确的方式爱你的儿子，如果你以极大的兴趣关注他的抱负和梦想，如果他感到你真正是他最好的朋友，到那时，他自然会告诉你一切。

很多父母对孩子的任性感到头疼，但孩子的任性通常只是想象的而不是真实的。很多调皮捣蛋的行为只是孩子们精力旺盛的结果而已。他们太活跃了，很难控制自己的行为。爱是唯一能够控制他们的力量。

一位以最令人羡慕的方式养育了一大家子孩子的母亲说，她从不体罚孩子，也没骂过一个孩子。当她第一个孩子出生的时候，朋友和邻居们都说她太温柔了，肯定带不好孩子，她对孩子只有爱而不加以管教，这样会宠坏孩子的。的确如此，爱是她管教孩子的唯一手段，可它达到的效果多么令人惊奇啊！爱像一块巨大的磁石把她的大家庭神奇地紧紧联系在一起。在这个大家庭里，没有一个成员迷失方向。孩子们全都长成了高贵、正直、自强自立的人。如今，他们把自己的母亲看成世界上最伟大的人，因为是母亲开发了他们身上最好的东西。

就算孩子身上有最坏的地方，也不需要做父母的强行改正和压制，因为最好的东西能盖过它们。孩子们崇拜他们的母亲，发自内心的强烈情感压制了所有不良倾向的发展，若不是有爱，这些不良倾向可能会长期存在。

爱的方式是唯一有效的方式。在世界上没有人发现爱的方式失败或不起作用。它像引力定律一样确实无误。

　　不久前，一位年轻的女社会工作者，成功地利用爱的方式改变了纽约东区的一群坏孩子，把他们变成了诚实、自尊、有理想的青年。据这位工作者说，他们以前"吸烟、赌博，是东区最顽劣的一群男孩"。

　　这个女人做的第一件事就是：努力消除造成他们今天这个样子的坏的影响力，代之以好的影响力。于是，她把他们一伙，总共十八个人邀请到她家里。第一次聚会是一场彻底的失败。孩子们大声吵闹，整个家里乱成一团，男孩们一点规矩也没有，就像在他们的老巢里一样。但女人没有失望，她继续举办聚会，慢慢地这些客人对她的和善和真诚的关心有了反应。耐心的爱最终胜出。没用多久，这帮孩子就被驯服了，他们对女人和她的父亲表现出来的尊重，就像他们一直是在最好的环境里长大一样。这是爱的方式。

　　大脑若没有五官就成了囚犯。这五官能使人与世界连接起来，失去这些连接，人就变成了低能的人。儿童的精力，至少在最初几年，主要是用来玩耍的。幸福童年的三个基本条件是食物、爱和玩耍。除食物和爱以外，玩耍对儿童也不可缺少，它能开发心智，塑造体能和品格。但是有很多父母对孩子的这项权利一无所知，或漠然视之。其中一些父母有点像我们早期历史上的清教徒祖先们，认为娱乐和玩耍是恶的象征，是缺乏虔诚的表现，是对精神生活的损害。但现在我们知道事情正好相反。游戏中有许多对儿童发展有用的东西，甚至比学校里教的还有用，尽管学校和游戏都是必不可少的。

　　我的家长朋友们，缩短孩子游戏的时间，更有甚者，禁止孩子们游戏，这不是爱孩子，这将破坏孩子的均衡发展，剥夺孩子良好的知觉和判断力。

　　菲律宾群岛教育部长说："在美国人带来的文明中，我们教给菲律宾人的游戏对他们的影响比其他一切的影响都大。我们到岛上来以前，男孩们基本上没有什么游戏和玩乐，只有简单的消遣。女孩的游戏就更少了。我们教给他们的十多种游戏，让孩子们变得更强壮，更快乐。"

　　德国教育家佛勒贝尔告诉我们，玩乐事实上是人类童年期最大的精神上的活动。他发现它是"典型的人类生活的全部——是人及所有生物内在的、隐蔽的、天性的生活。因此，它能给予人快乐、自由、满足、身心的休憩、平和的心境，它是所有美好事物的根源。玩得尽情、尽兴的孩子将发展成有决心、意志坚定的人，能够为自己和他人的进步和福祉牺牲自我的人"。

　　每个政府都应保证儿童拥有不可分割的权利：公平的机会、健康的体魄、良好的教育和道德修养，及其所带来的种种好处。如果所有文明国家把花在罪犯审判、建监狱、管教所、疯人院和贫民院上的同样的钱花在下一代的正确培养和教育上，如上的机构可能就没有必要存在了。

　　在丹麦，儿童不仅在理论上是国家最大的财富，实际上也受到这样的待遇。国家对每个孩子加以监管和照顾，无论贫富高低，不可以因父母的疏忽和漠视而让一个孩子荒废掉，构成对社会的威胁。每个孩子都要接受教育，以便长成独立、有自尊、身心全面发展的公民。

　　纽约用二百五十万美元建设假期班、游乐场和各种娱乐中心，投入一千七百万美元用来管理青少年犯罪，而没有游戏的生活正是引发青少年犯罪的根源。

　　厄内斯特·凯·考特——《阴影中的孩子们》一书的作者，在纽约少年法庭对坏孩子的问题做了十年的研究，他的看法是如果社会对邪恶环境的危险加以关注，这一问题将成功得到解决。家庭的爱是孩子的伟大教育家、伟大的人格塑造者。这爱不是溺爱，不是把孩子变成自私残忍的无知的爱，而是知道如何管教，知道在给予的同时也加以限制的智慧的神圣的爱。

许多自认为爱孩子的父母实际上是孩子最大的敌人。他们给予了孩子错误的鼓励，发掘出了孩子们身上不好的一面。这些父母过分地关注孩子的需求，满足他们自私的心理，不管多么无理的要求都设法满足他们，对孩子包办代替，阻碍了孩子们通过自己做事锻炼自助能力的机会，这些做法培养出的孩子体格虚弱、性格软弱、胆小怕事、不惹人喜爱。

有时候孩子会假装生病，他们认为这样就可以待在家里，不去上学。本来没有什么大不了的事，父母便娇生惯养，小题大做。要是孩子摔倒了，弄伤了自己，那更是心疼得不得了，任由孩子在可怜和同情下放声大哭而不是教育孩子要勇敢地像个男子汉那样忍受一点疼痛和伤害，不要像个可怜虫似的哭泣。

在类似的种种做法之下，愚蠢的父母培养了自私的孩子，直到他们变得不可忍受。他们就这样毁掉孩子的勇气和自信，让孩子变成懦夫和可怜虫，从而走向毁灭的道路。很多犯了罪的人都痛切地谴责父母，因为父母的溺爱是他们犯罪的首要根源。

不要为孩子做他们自己应该做的事情，要让他们学会自助。不要允许他们为了自己的欲望践踏他人的权利，而要让他们看到黄金法则的美，要他们与同伴游戏或与大人接触时实践这个法则。教他们尊重他人的权利，但不要忘记在任何情况下，他们自己也享有受到别人尊重的权利。

同样，你不可能通过对立、挑剔、向他展示你性格中不可爱的一面，或者通过满足他的所有不合理要求而得到孩子的爱、欣赏和尊重，就像一个男孩不可能用同样的手段强迫一个女孩去爱他一样。

养育子女是世界上最精细、最神圣的工作。它需要最高的智慧、最敏锐的辨别力和最大的耐心。爱包含了这一切。

养育子女时，请尝试爱的方式。

【第十二章】

如何减轻重负

爱是不会老的，它留着的是永恒的火焰与不灭的光辉，世界的存在，就以它为养料。

——埃米尔·左拉[1]

———————————

① 埃米尔·左拉（1840 — 1902），19世纪法国作家。

"帮助别人"是西部一家工厂给员工的箴言。它可以作为我们所有人的座右铭。没有比帮助别人负重更能减轻自己的负担了。

　　爱让一个贫穷的卖苹果的女人做出了让那些抱怨生活不易的人感到汗颜的事。内维尔·德维特·黑利斯在他的书中谈到这个女人时说：

　　"一位英国作家在伦敦生活期间，发现了这个卖苹果女人的生活故事。她的故事足以令帝王皇后之类的故事不足挂齿。她生活贫寒，住在只有两个房间的公寓里。有三个孤儿睡在垃圾桶里，命运比她更悲惨。她把整个身心都献给了这些无家可归的流浪儿。在四十二年的时间里，她抚养了大约二十个孤儿，给他们家、床、食物，教给他们知识，帮助一些孩子获得生活技能，帮助另一些孩子去了加拿大和美国。作者说她长得不好看，但去世时脸上的微笑非常美。像爱默生说朗费罗那样，她'有一颗美丽的心灵'。她的故事虽然只是伦敦历史上的甜蜜插曲，但却影响到社会的改革，在社会上和文学史上将流芳百世。"

想想吧！爱的力量多么奇妙。若不是爱使劳作变得甜蜜，使自我牺牲变成一种喜乐，人类会是个什么样子？若没有爱的改变力量，我们仍然是原始的野蛮人。

母亲们多年来为孩子所忍受的一切，若没有爱在里面，她们早被逼到疯人院去了。爱减轻了重负，摆脱了劳作的苦楚。唯有爱能让贫穷的母亲为了孩子顽强地与贫穷和疾病作斗争。爱使贫穷和牺牲不再痛苦。事实上，一个人能为另一个人做的事，有爱心的母亲无不可以为她的孩子去做。为了孩子，母亲可以克服一切困难，什么脏活、累活都能干。劳累了一天之后，她还要抱着生病的孩子在地板上来回走，顾不上睡觉和休息。这种事情一次可能要持续几周，也许几个月，即便当她自己也病得不轻，该卧床休息的时候。对有爱心的父亲来说也是如此，尽管天性使得父亲做的事不会像母亲的那样繁重。但父亲通常有半辈子或更多的时间是他所爱的人的奴隶。可是，如果他是真正的男人，他并不抱怨。爱为真正的男人，就像为真正的女人那样减轻了重负，送去欢乐。有爱的地方，重负也将变轻。

遵守"为彼此背负重担"的圣训是让生活丰富而美丽的最实在的途径。正是这一点使林肯成为美国最受人爱戴的人。在这块陆地上，还没有哪个人像他那样在生前和今天仍被人所爱，原因就是他和蔼可亲的性情和助人为乐的精神。他总是乐于帮助别人，回报别人的好意。从年轻时候开始就为人分担。他为邻居家的寡妇劈柴，帮助那些失业的人，为人跑腿，做各种杂事，实际上，他被称作"那个帮助每个人的人"。

他的律师朋友赫登说："当林肯所住的酒店人满为患的时候，他常常放弃自己的床，睡在店里的柜台上，拿一卷布当枕头。不知怎么的，每个有困难的人都向林肯寻求帮助。"

当林肯在斯普林菲尔德做律师的时候，一天，他经过邻居家门前，看见一个小女孩站在门口，戴着帽子和手套，在那儿伤心地哭泣。

"那是我第一次见到林肯先生，"多年以后当年的小女孩给朋友讲到这个故事的时候说，那时斯普林菲尔德的这位律师已经成了美国总统，"那是我第一次独自和一个小伙伴坐火车旅行。那是我生活中的一件大事。我已经为之计划和盼望了好几个星期。那一天终于来了，但随着出发时间越来越近，车夫还没来拿行李。时间一分一秒地过去了，我难过地意识到我恐怕赶不上火车了。我正站在门口哭，林肯先生走了过来。

"喂，怎么了？"他问。

"车夫还没来拿我的箱子。"我回答。

"箱子有多大？"他问，"要是不太大，还能有时间。"他推开门，我妈妈把他领到我房间，我那旧式的小箱子正等在那儿。

"哦！"他大声说，"快擦干眼泪，跟我来。"还没等我反应过来，他已经扛起了箱子，下了楼，大踏步地走出了院子。他在街上以最快的速度走着，我一边擦着眼泪，一边一路小跑地跟在后面。我们及时赶到车站，林肯先生把我安顿好，吻了我，说再见，还祝我玩得开心。"

不管是处于困境中的小孩，还是为儿子的生命呼求的母亲，这位伟大的富有爱心的人物随时准备减轻他们的负担，帮别人扛起重负。这就是让我们永远都值得尊敬与赞誉的林肯。

一支蜡烛用光照亮并点燃另一支已经熄灭的蜡烛，它并没有什么损失。一个善举，伸出一只援助的手也不会让我们损失什么。相反，无论你从事什么职业，当你作为一个助人者、提升者、鼓励者走过人生的时候，你将发现你为此变得更加富有而不是更加贫穷。对人友善、热心助人的习惯不仅带给你无限的满足，还会增强你的才干，因为它让你更加快乐，而让你真正快乐的事情也会让你的能力增长。每当我们失去了一次助人的机会，也就失去了为他人服务带给我们的祝福和快乐。

"不加区别、不加算计、不加拖延，爱，"杜蒙德说，"慷慨地施与在穷人身上，这很容易。爱尤其要给富人，他们往往更需要它。更多的爱要给与我们一样的人，这是很难的，因为我们为彼此做得最少。"

著名的马萨诸塞州州长安德鲁斯由于他对黑人的爱和同情，被热爱他的黑人称作"大善人"。所有认识他的人都没法不爱他，因为他的爱心如此之大。当州长下葬的时候，许多穷苦的、年老的、衣衫褴褛的黑人男女陪在他的棺木旁，从波士顿到奥彭山整整走了五英里。

仁慈、友爱、随时助人一臂之力的口碑比多少金钱都更可贵，而这种生活带来的满足感比任何财富给人的满足都大。一位乡村穷牧师就有这样的口碑。一日，当别人问他的儿子他的父亲在做什么时，儿子回答说："我不知道他现在在做什么，但我知道他一定在某处帮助某人。"我认识很多像这位牧师一样的人，他们很穷，但他们总是在帮助别人、鼓励别人。他们总是愿意伸出援助的手，去帮一位邻居或任何处于困境中的人。

没有一个人穷得不能给予别人任何形式的帮助，如果我们总是设法让自己得到最多的好处、最大的机会，这无疑是对心灵的破坏。因为，这样做谋杀了人性中最好的东西，丧失了最美的情感，毁掉了赢得爱和友谊的所有机会。

世上的人们，请牢记这样一句话：我宁愿做一个助人者、提升者，我宁愿清贫然而拥有帮助不幸的人、鼓励失落的人所带来的满足感，也不愿生活在虽拥有帝王般的财富，却精神贫乏，没有爱的世界。

【第十三章】
生存价值

　　无论一个人的天赋如何优异，外表或内心如何美好，也必须在他德性的光辉照耀到他人身上发生热力，再由感受他热力的人把那热力反射到自己身上的时候，才能体会到他本身的价值。

——莎士比亚

在"露西塔尼亚"号沉船事件中丧生的人中间，人们对其中的一个人，表达了更广泛的同情和更多的悲痛，他就是查尔斯·弗罗曼——一位剧院经理，朋友和雇员都亲切地称他为"C.F."。

"作家、演员们失去了一位最好的朋友。他为他们所做的超过了其他任何剧院经理。"

"大人和孩子谁都没见过他生气，谁也没听过他抬高声音讲话。我从没听过他有仇敌，没听过他说任何人的坏话。"

"由于他在世界各地的特殊地位，他属于全世界，像我一样，全世界都将为失去他而悲痛。"

"我从未见过像他那样和善、正直、慷慨、体贴的人。"

"我怀疑在演艺界还有哪个人给慈善事业的捐款比

C.F. 还多。"他对我说过这样的话："如果我死的时候，能得到所有演员、作家、同事和雇员的爱和尊重，我就算是没白活。"

"不管到哪，只要演艺界两三个人聚到一起，不管是张贴海报的，还是名人，他们都会告诉你 C.F. 是演艺界少有的最公正的人之一。"

以上这些只是 1915 年五月的悲剧发生之后人们对查尔斯·弗罗曼的许多纪念中的一小部分，声音来自方方面面，包括朋友、同事、雇员等等。人们表达了对他最深切的悼念，他们强调了"生存价值"这一重要词汇的内涵。

只有对人类有益的才是长久的。这是对一个人的工作、人格和生活的检验，简单地来说就是我们的生存价值。品行端正、助人为乐、行善、公益，这些才是经得起检验的。

历史从不问一个人留下了多少金钱，积蓄了多少财产，获得了多少股票和债券，名下有多少土地房产。历史对人的私人生活不加关注，对金钱的积累不感兴趣。历史在一个人死后所问的唯一问题是："他是怎样的一个人？他为同类做了什么？他是否为同胞增添了舒适、方便、安宁和幸福呢？他为人类做了什么贡献？"

世界珍视那些对文明做出贡献，以某种方式改善了人类条件的人。世界爱那些对人类充满同情心的人。世界上有很多纪念碑，都是为那些具有高素质的人竖立的。世界不会为那些自私自利的人竖碑。你与世界的关系是至关重要的，对世界有帮助的将被记住，否则很快就会被忘记。由于林肯对人类的巨大贡献，他作为国际人物的形象越来越高大。英国的主要报纸刊发关于他的文章，英国的政治家引用他的话和做法作为先例指导战争中发生的危机。

前中国驻美大使伍廷芳（1842～1922，本名叙，字文爵，又名伍才，号秩庸，后改名廷芳。汉族，广东新会西墩人，清末民初杰出的外交家、法学家。）谈到他时说："在林肯身上可以引用中国历史学家形容中国古代最德高望重的首领尧的话：'其仁如天，其知如神；就之如日，望之如云；富而不骄，贵而不舒；能明驯德，以亲九族。'"

像林肯一样，弗洛伦斯·南丁格尔这个名字也深深地印在了人们心中。他们一个生在小木屋，一个生在宫殿般的家庭。但两个生命全都充满了为人服务的激情，他们值得全世界感激纪念，不仅铭刻在纪念碑上，更烙印在不灭的记忆中。

克里米亚战争之后，在斯特拉福德爵士举行的一个晚宴上，有人建议每人在一张纸条上写下最可能流芳百世的名字，当纸条打开的时候，每个上面都写着：弗洛伦斯·南丁格尔。因为在克里米亚战争中，庞大的英国军方无法为士兵们做到的事情，这个柔弱的女人用她的博大胸怀、用爱和同情做到了。

当弗洛伦斯·南丁格尔到达前线的时候，她看到因病而死的士兵比在战场上战死的还多。这是由当时医院恶劣的卫生条件，以及缺乏对伤者和病者的护理而导致的。南丁格尔以极大的爱心和智慧，很快就扭转了混乱的局面，把曾经的瘟疫之地，变成了健康疗养的地方。难怪人们都叫她"克里米亚的天使"，因为她用心、用脑、用手所成就的工作，如此神奇。

一位《时代周刊》驻克里米亚记者写道："每当伤情最严重，死神离得最近的时候，你定会看到这个无与伦比的女人。在与死神搏斗的时候，她的出现就是莫大的安慰。毫不夸张地说，她是医院里的'守护天使'，当她苗条的身影在走廊上安静地走过，每个病人看见她，都会感到宽慰。晚上，当所有医生都已休息，当寂静和黑暗笼罩着一排排躺倒的病人时，你仍能看见她，提着一盏小灯，独自巡查。"

弗兰克·克林博士说："如果一个人的心里充满了爱，行动上为他人着想，他就不会出现致命的问题，因为他已揭开了生活的谜底。"

心里有了爱，你就拥有了幸福，拥有了多少金钱也买不到的成就感。如果把爱从这世界带走，我们还剩下什么？可以肯定地说，你就再也没有什么伟大、持久和有价值的东西了。

大约七十多年前，布里坦尼的一位穷牧师想到穷人要帮助穷人。他的工资一年只有八十美元，他的朋友和教区居民都是一些穷得不能再穷的人，虽然没钱，他还是着手把这一想法付诸实践。于是，他召集了一些朋友，把帮助更穷者的计划向大家作了简要介绍。结果，在一条贫穷的街道上的一个贫穷的阁楼里，以两个老妇人作为第一批受益人的"穷人姐妹计划"诞生了。尽管开始如此卑微，但迄今，它已经发展成了一个跨越两个大陆，每天给无数穷人和老年人以食物、住所、鼓励和帮助的庞大组织。

年轻牧师的第一批助手是女裁缝和女仆们，她们同意捐出微薄的收入来启动这项事业。现在这一团体已经拥有几千名妇女成员，仅在欧洲，就有二百五十多家老人和穷人的救助所。这些姐妹们拿着篮子或推车为"孩子们"（她们对救助所里的被救助者的称呼）募集善款已经成了欧洲和美国大城市里的一道风景线。

　　这位用八十美元的年收入建立起如此庞大的慈善组织的穷牧师，名叫阿贝·雷·佩勒，这个名字将长久地被人纪念，即使帝王将相都已被忘记。

　　同样令人难以忘记的是乔治·穆勒，他于十九世纪早期在英格兰的阿什力塘斯创办了著名的孤儿院。他开始也没有钱，但他对穷苦的无家可归的孤儿的爱使他坚信上帝会保佑这项事业的成功。他的确成功了，完全由捐款支撑的这家机构，教育并抚养了成千上万名孤儿。

　　另一位用爱心做出了自己都想象不到的成就的人叫作安妮·麦当娜。她是一个穷裁缝，几年前在纽约去世，去世时把仅有的二百美元作为遗产，用来启动一个残疾儿童中心。她觉得各种慈善事业照顾到了方方面面，唯独没有考虑残疾儿童。她生前总是尽力地帮助他们，并相信她留给他们的这一小笔财产会启示其他更有能力的人为这些穷孩子建立一个家。这就是"菊苑残疾儿童之家"的开端。"菊苑残疾儿童之家"位于哈得逊河的帕里塞，在一片夏天开满雏菊的广阔田野上。儿童在这里得到治疗直到完全康复或能够自食其力。

　　这些都是爱的方式。

　　一个只想着自己的人，不管他积蓄了多少钱，也不会赢得同胞的爱和尊重。要做一个有价值的人，光有诚实是不够的。你还要做一个对别人有益的人、提升别人的人、有无私精神的人。

"钱多得数不清，朋友少得可怜。"这是人们最近对一个纽约人的评价。他积累了大笔财产，却没有一个真正的朋友，这个世界上没人爱他、敬重他。不管有多少财富，这样的人对社会都是没有什么益处的。这样的人拥有的是一项债务，而非资产，他的影响力是破坏性的。

一个池塘里的水既要有入口，也要有出口，否则就会腐坏，滋生各种细菌，还会散发出有毒的气体，毒害街坊四邻。我们人也是，接受的同时也要付出，才不致停滞不前，腐坏变质。一味索取、不思奉献的人是社会的害虫，他们只会释放有毒的东西。

只索取不给予并不能让我们真正的获得。因为自私吝啬的人是不会得到幸福的。一位富人说没有人关心他将来怎样，人们接触他的目的就是从他那里得到好处。他认为如果他没有了钱，人们就不会来了，即使生病住院，也没人去看望他。

一个获得了财富，同时丢掉了朋友的人是失败的，无论他挣了多少钱。一个通过自私、贪婪获得财富，不惜牺牲友谊、家庭，把所有时间和精力投入到金钱游戏中的人最后只能迷失自己。一个为自己的利益榨取员工的血汗，把自己变成海绵只进不出的人是最可怜的穷人。他的存在使这个世界变得更贫穷而不是更富有。他的死不会让人感到悲伤或遗憾。尽管他死后可能留下一大笔财产捐献给慈善机构，建医院或大学，但由于他生前的自私贪婪，他很快就会被忘记。世界只为那些对别人有益处的人竖碑立传。

对一个人工作的最终检验就是它对人类的价值。如果你的时间都用来为自己谋福，如果你与他人的交往都以利益为出发点，死神降临的时候，你不会留下什么空白，只有下面这个问题会留下空白：

他到底是怎样的一个人？

他的一生对人类有什么意义？

【第十四章】

奇迹制造者

　　爱，可以创造奇迹。被摧毁的爱，一旦重新修建好，就比原来更宏伟，更美，更顽强。

—— 莎士比亚

柏拉图说，爱在诸神中最古老、最高贵、最强大，爱是生活中美德和死亡后幸福的最大创造者和给予者。

　　印度有一位英国士兵是个不可救药的酒鬼。他一次又一次因为酗酒而受到严厉的惩罚。

　　一天，他又被一个军士带到长官面前。"他又来了，"长官说，"鞭打、羞辱、关禁闭，所有能想到的办法都用上了，都没用，他还是喝，真是没救了。"

　　"请原谅，长官，"军士说，"可我们还有一种办法没有试过。"

　　"哦，什么办法？"

　　"他还从没有被原谅过，长官。"

　　"原谅！"长官叫道，一脸吃惊茫然的表情，但他转向那酗酒的士兵说道："你对这个处分有什么意见？"

"没意见，长官，"那人回答说，"我只是很遗憾又喝醉了。"

"好吧，"长官说，"我们对你确实想尽了一切办法，这次我们将按军士说的办法去做，我们原谅你了。"

长官的话一说完，这个士兵的眼泪就顺着脸颊淌了下来，他像孩子一样哭着，满怀感激地走了。从表面看，他还是那个不可救药的酒徒，然而，不，军官的第一次仁慈深深打动了他的心，他决心再也不酗酒了。讲这个故事的部队牧师说那个人后来成了模范士兵，再也没因酗酒被责骂过。

原谅之爱在这位酒鬼士兵身上发生的奇迹，证明了只要有爱在，奇迹就会发生，因为爱持续在各种人身上制造奇迹。

像《三楼里间的陌生人》里讲到的一个人通过爱的力量改变了整座楼的人的这种可能性并非夸大其词。看过这幕剧，或读过剧本的人应该还记得那个不同寻常的，被称为"陌生人"的主人公，在看了伦敦报纸上的一则广告"房屋出租，三楼里间"后，租下了这间屋子。随后就发现这栋出租公寓里面充满了各种问题人物，他们中有小偷、赌徒、流氓、恶棍、暴徒、势利小人、悍妇、生活放荡的人，以及各种各样毫无善心、互相忌恨的男人女人们，甚至有一个女人连蜡烛都偷。人人都在欺骗别人，反过来又被别人欺骗。女房东和房客一样，她监视着房客，房客们也监视着她。她往牛奶里掺水，食品里掺假，偷别人的东西，多收钱，为防止被抢，她把所有东西都上了锁。

因为新房客不与他们同流合污，他们全都取笑捉弄他。他并不在意，相反，他还用善良礼貌回报他们。不仅如此，他好像在他们每人身上看见了他们自己都未发现的优点和才能。在他们邪恶、不诚实、放荡、嗜赌的外表底下，他看到了这些不幸之人真实的一面。

他告诉那个恶棍，他有多大的潜能尚未开发；他告诉那个暴徒，如果他能做真正的自己，他会干出多么好的事情；他确信那个特别喜欢嘲弄他的年轻人具有伟大的艺术天赋；他又指出另一个人具有非凡的音乐才能。就这样，他挨个鼓励每一个人，他的目标就是唤起这些房客的本性，向他们展示他们身上更好的一面。比如，那个暴徒和他的妻子千方百计要把女儿嫁给一个有钱人，而他女儿并不爱那个人，但她还是打算为钱而出卖自己，满足父母的愿望。新房客劝说女孩要倾听内心的声音，要嫁给自己真正爱的男人。她最终这样做了。那位有钱人也在新房客的影响下，成了她的朋友，帮助了她。

由于女佣在济贫院呆过，女主人便极尽侮辱之能事，骂她是蠢货，什么也不是。她让那女佣干得快累死了，也不给她放一晚上的假。现在女人的态度有了转变，一天，让女孩大为吃惊的是，女主人对女孩说，她看起来太累了，不如出门去换换心情。以前严厉、刻薄的女主人变得善良而体贴，不再是一个冷酷的雇主，反而更像一位母亲。

那可怜的女佣也是陌生人关注的目标。他一再鼓励她，对她说她并不是女主人所说的那样一无是处。他激发了她的自尊心和自信心。通过爱的激励，她最终成为一个自立自强、美好高贵的女人。

在这种仁慈的影响下，凶悍的女房东也转变了。她不再给牛奶掺水，往食物里掺假，偷房客的东西，还上锁防贼了。她开始相信人，相信自己，更尊重自己和他人。对待女佣的态度上也翻开了新的一页，再也不像以前那样侮辱和虐待她人了。

短短的时间内，寓所的气氛大变样。每一位居住者都受到这位温柔、不事张扬的新房客的感染。他让这些房客看到了更好的自己，让他们弃恶从善，从而让他们获得了新生。

这就是爱所做的。爱让人转过身去，从不同的角度看自己，用不同的方式面对生活。爱给人一种新的精神，慢慢地融入到人的内心，从天性中驱逐那些自私、贪婪、不良善、不仁慈的东西。

爱是生命中最伟大的力量，它比赌博的本能、贪欲的本能、攫取的本能都更强大。爱中和了所有低级趣味和本能。正是爱的神圣酵母使整个人性得以升华。

西德尼·史密斯说："爱与被爱是世界上最大的幸福。"每个人无论穷富，无论高低，都在寻找爱。一个男人为了赢得符合他理想的女性的心，或者说一个拥有他所缺乏的所有美好素质的人的爱，还有什么不能做呢？这种爱是一种神圣的饥渴，一种想使自己成为完人的渴望。

我认识这样的女人，她们的爱心如此之大，举止如此迷人，以至于最自私的男人都愿意为她们做一切事情，甚至付出生命的代价去保护她们。对于这样的男人，强迫和无情是不会奏效的，只有爱才能触及他们的内心。

为什么一个粗鲁、浪荡的男人爱上一个甜美、纯洁的女人之后立刻改头换面，变得更文雅，语言更文明，交友更慎重，至少在那段时间内各方面都像变了个人呢？因为爱是比放荡更强大的力量。如果他的爱是稳定真诚的，他就不会再陷入任何堕落的行径中。

　　我曾见过一个最为粗鲁，最没文化，堕落得不能再堕落的人，年纪轻轻就已因各种罪过在监狱里呆了几年。他对一个年轻漂亮的女教师讲了自己的故事，并爱上了她。她从一开始就对他产生了兴趣，然后开始教他读书。密切的接触使她看到了他潜在的素质和能力，慢慢地她也爱上了他。

　　然后，爱的酵母开始发生作用。他的庸俗举止开始淡化，他的言谈举止表现出更多的素养，以往的恶劣行径在慢慢消失，人也变得干净整洁起来。他对工作表现出了更大的兴趣，生平第一次开始存钱。最后，女教师嫁给了他，他彻底转变，成为一个对社会有用的人。

　　与此同时，我又想起一个相似的例子。一个非常悲观、性情忧郁的人深深地爱上了一个温柔的姑娘。姑娘也爱她，并相信能改变他。他的抑郁发作的时候，经常会持续好几天，这让他感觉异常痛苦，觉得生活没有任何意义。

　　女孩嫁给他后，很快就经历了他性格带来的恶劣影响，但女孩并不气馁，用各种方法尝试改变他的心情。这个女孩曾经学过哲学，因此她总是明朗、愉快、充满希望。她不断地告诉她的丈夫，幸福是他与生俱来的权利，他不应表现出任何不幸的特质。她提醒丈夫只要相信一切都是美好和真实的，那心中渴求的所有好东西都会属于自己。

当然，这一过程是充满复杂与挑战性的，尽管如此，年轻的妻子并没有停止自己的努力，无论为丈夫做什么，她总是用爱的方式，她向他展示爱是他所有弱点、不幸、困难、负面性格的医治良膏。

对女孩来说，这可能是一个危险的实验，但结局却是神奇的。经过几个月爱的疗法之后，这个人的性情、外表、言谈举止和生活习惯大变样，他的老朋友们几乎都认不出他了。他的转变就像一株植物被从不适宜的环境带到了温暖宜人的环境中。新的环境、妻子的爱，滋润了他的性情，激发了他的潜能。在他结婚以前表现的是低级的自我，而现在他在生活中绽放出了美丽的一面，成为坚强出色的人。

在一个软弱、懦弱的人身上，爱看见的是一个英雄。在最卑微的人身上，爱看见的是好公民、好丈夫、好父亲。不管我们堕落得多深，这个形象都在我们身上存在。这是因为，爱总是能看见我们内在神圣的一面，因为它拒绝看其他的东西。

慈爱的母亲看不见儿子身上的罪犯形象。不管他罪有多深，她都能越过它们，看到一个理想的人的形象。

我们是不是经常听到这种说法："真不明白那母亲看她

那丑陋的臭孩子怎么那么好。"但母亲确实在孩子身上看见了美丽的东西。她看见了孩子的潜力，其他人却看不到。她看见将来的他会是一个好丈夫、好父亲、好公民。母亲不像他人那样看到孩子的平凡，她看到的是一个优秀的人。对于跛足的女儿，母亲也越过了身体缺陷，看见了女儿的灵魂和其真实的存在。她看见的是甘愿为别人做出各种牺牲的完美的人。

一个有爱的妻子，尽管也有失望的时候，但在她所爱的男人身上她看见的不是不诚实、粗鲁、好色的丈夫形象，她看见的是还有很大变好可能的理想的丈夫形象。丈夫在与之结婚的女人身上看见的不是唠叨、碎嘴、任性的妻子形象，他看到的与爱看到的一样，还是那个他最初爱上的纯洁、美好的理想女孩。

爱看不见恶、不考虑恶、不认识恶，它只看见、考虑、认识美好、纯洁、干净、真实的东西。爱散发着阳光和愉悦走过这个世界，清洁着每一寸空气，从来看不见人性中的缺点，因为它太忙于寻找人的优点。

很难想象若不是爱看见了理想、完美的人，而是憎恨因各样错误所造就的虚弱、无能、可笑之人，人类将会怎样。

布朗宁曾说过：“爱是生活的动力。”是爱推动着世界。人的身上再没有别的能及上爱一半的力量，再没有别的能把人提升到神圣的高度。

【第十五章】

我们的小兄弟姐妹们

当悲悯之心能够不只针对人类，而能扩大到涵盖一切万物生命时，才能拥有最恢宏深邃的人性光辉。

——史怀哲[1]

---

[1] 艾伯特·史怀哲（1875—1965），德国阿尔萨斯神学家、音乐家、哲学家、医师。

一位著名的驯狗师说："为了让我高兴，我的狗愿意做一切事情。"打是没有用的，那只能激起憎恶和抗拒。他说无论失败多少次，他的狗都会一遍又一遍地做他要求它做的事，因为狗知道在成功的时候，将会得到最渴望的东西——很多的爱抚和赞扬。

　　爱使狗脱离了狼的野性，使我们得到了最为忠实，最有爱心的动物。爱使凶残的野猫变成了家猫，其他家畜也是如此。关爱驯化了丛林和森林里的野生动物，把他们变成了家庭宠物，成为孩子们的玩伴和保护者。

　　伟大的画家和动物爱好者罗萨·邦从一个动物园主那里买下了一头难以驯服的狮子。画家相信爱可以做到一切不可能的事。"要赢得野兽的爱，你必须先爱它们。"罗萨说。接着在不长的时间里，她的爱便改变了驯狮员认为无望而放弃的狮子。她常常抚摸它，与之玩耍，就好像这大家伙只是一只小猫。当这只狮子又老又瞎死去的时候，它的大爪子深情地搭在用爱驯服了它的女主人身上。

我们对一个动物爱得越多，它就变得越温柔，越驯顺。看看被作为宠物养大的牛和马的面部表情吧！它们像我们一样都不会踩到或伤到一个孩子。我们爱并信任它们，它们反过来也爱并信任我们。

在纽约的一次展览会上，人们看到一匹能做出很多神奇事情的马。它的主人说在四年前，它还是一匹性情暴躁的马。它狂躁、野性、对人又踢又咬，干尽了坏事。然而四年的关爱使这匹野马变成了世界上最温柔可爱的动物。它不仅温顺驯服，还能做各种不寻常之事。它能数数，能做简单的加减，还能拼很多单词，似乎还能理解词的意义。它好像什么都能学会，它转变的秘密就是因为仁慈和爱。驯马者说在四年里，他一次也没用鞭子抽打过它。

多年前，丹尼尔·伯英顿先生就向得克萨斯的牛仔和其他人证明了有比残酷的简单制服它们更好的驯马方法。

一位作家说："一开始，当丹大叔要来的消息传来，他就成了众人嘲弄的对象。牛仔们把方圆几里难驯服的马聚集起来，等着看它们怎么把大叔累趴下或径直把教授摔到畜栏外面去。

"当他们看到教授鞭子、绳子什么也不拿走进畜栏，在三四个小时之内，就把那最难驯的马驯得服服帖帖。当他们看到那颤抖的坏蛋用鼻子蹭他的肩膀，吃他手里的食物时，他们都说这是催眠术和魔法。他们说他对马下了什么药，并私下里贿赂他说出药方。

"丹大叔只是摇头大笑，他的回答始终如一。'孩子们，我所用的唯一的魔法就是黄金律呀！想象自己是一匹马，你要让别人怎样对待你，你就怎样对待它。'任何人都没有必要打骂马，因为只要你仁慈，有耐心，没有哪个生物比马更忠实了。教他爱你、信任你，给它时间明白你的想法，然后它就会不但心甘情愿，而且很乐意，很骄傲地为你服务。驯马时人所能用到的最大魔法就是仁慈。"

在城市街道上，每天都有成百上千的动物遭到虐待。我们是不是经常看见车夫无情地鞭打虐待驮着重负疲惫不堪的可怜的马！但没人提出任何抗议。我们知道虐待可怜的动物是不对的，但我们过于胆小，不敢冒被车夫责骂和嘲笑的风险，于是低头走过，留下无助的动物在痛苦中煎熬。

缺乏勇气、怕被嘲笑，令许多人在做善事之前裹足不前。只有少数有骨气的人才有勇气为了爱勇敢地面对别人的嘲笑。

　　一个寒冷的冬日，一个女人看到街上一匹马身上盖的毯子被风刮掉了。马浑身冷得发抖，她便走过去拾起毯子重新披在马背上。但风很大，毯子又被刮掉了，女人又一次帮它盖上，并把毯子掖紧，又拍拍马的头。一帮男人聚集在人行道上，一边看着她一边说："那女人怎么了？她真奇怪，简直不可思议。"一个衣着不俗的女人在大街上拾起毯子盖在马身上是他们无法理解的事情，他们都觉得她不正常。

　　埃尔伯特说过："当一个人忘记了他那些不会说话的兄弟，对它们的不幸、痛苦和恐惧漠然视之的时候，他就失去了自己的灵魂。我是我不会说话的兄弟的保护者吗？当然，是的，你还要对你的管理做出详细汇报！"

　　我想象不出当一个人凝视着狗的眼睛的时候，内心深处怎会没有一种感应。对我来说，我可以从中看出一种神圣的奉献精神、爱的精神。你怎能，任何人又怎能虐待一只你越打它，它越是无望地依附于你的狗呢？也许你从未想过对它来说你代表着什么。你有没有想过你就是它的上帝，你就是它食物的来源，它所了解的爱的来源，它所拥有的一切的来源？对它来说，你是宇宙的最高者，当你虐待它，它就会觉得异常痛苦，因为它觉得自己在与最大的力量相分离。若不与你重新建立联系，它是毫无幸福可言的。

下一次你要虐待你的狗，你的马，或任何不会说话的动物时，看着他的眼睛，看你能否注意到这动物背后的通过它来讲话的东西。这些动物也有属于它们自己的权利。人要尊重这项权利就像尊重他人的权利一样。

给成长中的孩子们灌输对动物的爱与同情心是相对容易的，这种情感的形成会对他们今后的一生产生奇妙的影响。教导你的孩子们要保护无辜和无助的动物，不能伤害它们。我同意这个观点："如果让现在的孩子们都意识到这项责任，感受到对这些无助的动物和残疾贫穷的人们的同情、保护和爱的重要性，那么世界上的大部分痛苦、罪恶都会在这一代人身上消失。"

在一次对西班牙的战争中，一位美军军官注意到一位士兵身上扛着两把枪，他自己的和另一个受伤士兵的，两个弹匣，两个背包，还抱着一只狗。天很热，很多士兵都要累趴下了。军官叫住士兵对他说："你是不是整晚都在行军？"

士兵说："是的。"

"你是不是打了一天的仗？"

"是的，长官。"

“你是不是从今晚十点开始一直都在行军？”

“是的，长官。”

“那么，”军官喊道，“你搞什么名堂还抱着那只狗？”

“哦，长官，是这样，你看这只狗太累了。”

这个年轻人做得好极了，很明显他在童年时受到了正确的教育。尽管肩负两个人的装备，他还认为有必要肩负狗的这个重担，因为他的狗太累了。真正的人总是既勇敢又温柔的。

大部分男孩都经历过所谓的“探索”年龄段，那通常是具有毁灭性的年纪。他们想拥有一支枪，他们想射杀什么东西。一旦狩猎被认为是男人的运动，就很难再让他们相信为了乐趣而滥杀动物实在没有什么男子气概。相反，保护鸟和动物们免于不人道的屠杀才是真正具有人情味的。

以屠杀动物取乐纯粹是一种野蛮行为。人怎能从动物的痛苦中得到真正的乐趣呢？我无法理解当明知鸟妈妈有几个嗷嗷待哺的鸟宝宝在等着它归来，却要折断这鸟儿的翅膀，这有什么乐趣可言。这些猎人似乎没有意识到这些小生物的家和他们的家一样神圣，可它们顷刻之间就被破坏了，双亲被杀死，幼崽忍饥挨饿或死掉。

那些仅仅为了自己的娱乐而屠杀动物的人，我们该怎样评价他们的灵魂呢？我怀疑这些人是否读过这些话："怜悯者是有福的，因为他们将得到怜悯。"一个对可怜的无辜动物都没有怜悯心的人自己怎么会得到怜悯呢？

那些以杀戮为乐趣的人很快就会被标上"非人"的标签，为体面人所唾弃。许多人对我说他们为以前自己这个野蛮的行径而羞耻。

那些虽不狩猎，却任意遗弃家庭宠物，让它饿死或残忍地死去的人是不是更冷血呢？不久前一家动物保护协会仅仅在七月一个月里就收养了成千上万只猫和狗，它们的大部分，尤其是猫，都是主人出城度假时被遗弃的。

一位阿拉伯男孩对待一只病羊的故事是对这种残忍行径的有力驳斥。这位男孩用他那破旧的帽子几次到井边接水送到倒在路边的病羊身旁，使这只羊很快恢复了体力并最终赶上羊群。这时，旁边有人开始戏弄男孩，问他羊是否说了"谢谢你，爸爸"。

"我没听见。"男孩说，脸上却发出光，那分明是善良所带来的快乐。这位衣着破旧的男孩使旁边的很多路人显得低微卑贱，因为他们没有对可怜的羊施以援手。

一位具有新思想的作家在为所有生物呼吁公平、爱和仁慈的时候说："我们是那些不会言语的动物兄弟的舌头。我们说出他们的痛苦，为公正，为爱大声呼求。"

在人类早期历史，权力就是一切。弱者惧怕强者。动物们更别想得到什么权力。等世界上有了爱，人们慢慢知道所有生物都是一体的，我们所称作的"低等动物"实际上是我们的小兄弟姐妹。

【第十六章】
何以为家

人格成熟的重要标志：宽容、忍让、和善。

——戴尔·卡耐基

吃素菜，彼此相爱，强如吃肥牛，彼此相恨。

——《箴言》

只要有爱的星辰升起，心灵的天空就不需要更多的空间，也不需要很多星辰。

——理查德

歌德说："无论帝王还是平民百姓，只要家庭和睦，他就是最幸福的人。"

有爱心，有相互帮助和自我牺牲精神的地方才有和平可言。它可能存在于一个房子的四壁之内，也可能在一顶帐篷内，在森林、草原和沙漠中。它可能在宫殿，也可能在茅屋，甚至在马厩，像圣婴和圣母那样。它不依赖于物质，它生于一种精神，并只能用友谊、爱和同情来维系。

一次去朋友家拜访，我被其中一个成员对这个家所做出的努力而深深感动。尽管她只是个小女孩，是家里最小的一位，但她似乎代替了死去的母亲的位置。她是这个家的中心。一切大事小情都会先与她商量。每个人离开家时都要先与她吻别，回到家也是先寻找她。他们似乎都急于向他吐露心声，告诉她一天中发生的事情，询问她对各种事情的看法和意见。父亲也和其他家庭成员一样依赖她。

女孩影响力的秘密在于她的无私，对别人身上发生的一切事情的兴趣。在与其兄弟的闲聊中我发现，他们每个人都觉得妹妹对他的事情最感兴趣，遇到重大的事情，他们无不与她商量。与其他女性相比，他们更喜欢她的陪伴，也为能陪她到处走而自豪。这几个男孩全都纯净、开放、坦率、有骑士风度。不能不承认这都归功于他们兄妹之间的爱。

这样的家是世界上最甜蜜、最美丽的地方，因为爱的氛围散发出宁静、安全、温暖的感觉。当我们一进入到这样的地方，就能感觉到令人放松、踏实、向上的影响力。这种心灵的平和是在别处无法体会到的。

爱的情感在身体里起作用的时候会影响到我们的健康和性格。温馨、力量、平和、满足支撑着我们。除了邪恶，长期的不和谐和嫌恶感对身心的影响最大。和谐使我们更强壮，不和谐则使我们虚弱。长期怀有不和谐情感的人的性格会变得多疑而自私。不和谐的家庭不但是不幸的元凶，也是疾病的祸首。在有不断的摩擦和挑剔的家庭里面，会有一个长期患病的人。通常是那个脆弱、敏感的家庭成员常年患病，却没有医生能正确诊断出病因，因为问题来自于家庭的不和。

几年前聆听一次讲演，演讲者说在座的大部分都可能来自地狱，即家庭不和、事业不和的地狱，唠叨、批评、怀疑的地狱，憎恨、嫉妒、痛苦的地狱。他的估计并没有错得太多，确实有很多人有足够的钱买他们想要的一切，唯独买不来和谐和幸福。因为这些是用钱买不来的，所以就有无数的人生活在地狱之中。他们生活在没有爱，只有嫉妒、憎恨、纷争的地方，因为爱无法生活在不和与纷争之中。

令很多富人失望的是，爱似乎不喜欢金钱。他们对爱住在家徒四壁的茅屋，却远离宫殿般的住所惊讶不已。我想起这样的两个家庭。一个家庭生活条件一般，家里只有简单的家具，生活方式也很简朴。但一踏进这个家，立即就被一种真正的家的氛围所包围。另一家家财万贯，住在纽约最繁华的地段。家里什么都有，目之所及，到处都是珍贵的艺术品、名画、昂贵的装饰品、进口的地毯等各种奢侈品。主人告诉我那几件挂毯就花了他几十万美元。他的书房藏有不少代表大笔财富的稀世珍品和藏书。可是那天我参观这座大宅子时，只感觉它更像一座冷冰冰的博物馆，而不是一个家。在这里完全没有家的甜蜜温馨，而这正是使木屋变成天堂的原因。

　　后来我终于明白了缺少温馨的原因，住在这宫殿里的夫妇俩长期不和。他们什么都不缺，唯独没有爱与和谐。缺了这些，不管有多少钱都是没有价值的。金钱买不来同情、相互帮助和爱，没有这些便无以成家。后来他们用离婚结束了两人的貌合神离。

　　女人是家庭气氛的主要制造者。是女人使一座房子变成家，最重要的是用一种精神使家变成神圣的地方。男人可以提供维持家庭所需要的物质方面的东西，但他无力给予家一个灵魂。只有女人才知道如何使家里充满欢乐。

　　不幸的是，有些女人对家庭的不幸福负有不可推卸的责任。很多女人过分细心，对无足轻重的小事过于担心，以至于破坏了家里的安宁。家所给人的安宁、自由和休憩都被她不停的唠叨打破了。她不断地提醒谁把一个信封或一张纸掉到地板上了，谁的靴子带进来了泥巴或尘土，谁把地毯弄皱了，谁把帽子或大衣忘在椅子上了等等。她不仅把自己弄得很累，也让其他人跟着紧张，结果丈夫和孩子都无法从家里获得真正家庭所能给予的东西。

　　有不断制约的地方就不会有真正的安宁与幸福。不能给其成员完美自由与安逸的家不会是疲惫心灵的磁石、思乡游子的企盼。那些让丈夫和孩子备感不适，自己也弄得烦躁不安的女人，也许觉得自己效率颇高，但作为家庭主妇，她是很失败的。不仅如此，她还失去了，至少减少了家人的爱和尊重，尽管她如此努力，方法却是错的。她没能让家人把家看成是最温馨甜蜜的地方。相反，晚餐一结束，父亲和孩子们就寻找各种借口急切地逃出家门，到别人家或其他地方。

有些妻子在改造丈夫方面犯下错误，她们不停地敲打丈夫的过失、缺点，随时提起丈夫的弱点，而不是对他们的优点和强项加以鼓励和赞扬。可唠叨和挑剔并不能改变一个人，要说改变也只是向不好的方向发展。因为不停地批评一个人只能引起对方的反感。

当妻子不停地向丈夫描绘酗酒或其他恶习所带来的恶果，告诉他不改掉就会怎么样的时候，她是在激起丈夫的逆反心理，逐渐丧失对他的影响力。因为所有男人都讨厌这种做法。受到攻击时自卫，抗拒被驱使和强迫是人的本能。我们只能用更好的东西作为替代来引导对方放弃坏的。

因此，可以说，妻子或丈夫企图改变对方的某个方面，也许是某个坏习惯一类的小事，也许是更重要的一些事情，是导致爱逃离家庭，婚姻生活不幸福的原因之一。

我们都知道，改变缺点的途径只有一个，那就是用更好的东西吸引他们。如果你想从孩子手中拿到刀子或其他危险物品，你要给他一个玩具或一样他更喜欢的东西，他就会自动放弃你不想让他拿的那样东西。但你若想从他手上抢走或强迫他放弃，你就会引起他的对立和反抗。从这种意义上来说，男人和女人只不过是长大的孩子。

一般来讲，男人是使家庭失和的罪魁祸首，因为他们往往忽略了他们在家庭幸福方面应尽的责任。尽管婚姻是一种合作伙伴关系，男人一般倾向于认为自己是所有权人，他是这所房屋里面一切的真正主人，除了提供物质条件外，他不必承担任何别的责任。

我认识这样的一个男人，他很能干，在单位被同事视为楷模。他在外面温和、冷静、自制力强，在朋友中大受欢迎。他慷慨资助公益事业，名字总是位于各种捐献榜单之首。总而言之，他在社会上被认为是好公民，各方面的模范男人。但回到家里，事情就不是这样了。他抛开了一切约束和自制。他想的是："这不是我的家吗？不是我用钱建起来的吗？维护它的是我，付各种账单的不也是我吗？这里的所有人不都依附于我吗？在我自己的家里我为什么要约束自己呢？世界上总得有一个地方男人可以随心所欲地说话和表达感想吧！"

由于他工作很努力，下班回家时常常是精疲力尽，神经也几近崩溃，他就常常拿家人撒气，经常是一进家门就开始咆哮。有什么东西放错了地方，什么东西坏了，都可以成为他发泄的借口。孩子们看见他脸上的阴云就害怕，他一发疯似的吼叫，孩子就跑得无影无踪。这让他更为生气，追着孩子们问不听他的教诲躲开他的原因。

如果仆人碰巧打碎了一只碗碟，厨师烧煳了饭菜，或没有做出应有的味道，或者任何事情出了差错，无论多么微不足道，他都会不分场合，甚至在吃饭的时候突然爆发出来，疯子似的又吼又叫。他把家变成了地狱，搅扰了里面所有人，使和平和幸福在这个家里成为不可能的事儿。

有许许多多这样的男人，在外面像一位绅士，回到家就像猪一样龌龊。也许他们没有意识到他们实际上是胆小鬼和害人精。当然家里的猪们都知道妻子和孩子不敢反抗。也许他不知道他这样做激起了家人多大的蔑视，葬送了家人对他的爱。

想必我们都清楚，老师发起怒来，全班都会有引起连锁反应。家庭里也是如此，一个成员的敌对心态会毁掉整晚的和谐。父亲早上因某事发了火，全家受到震动，即使在他离开家之后，和谐都无法重新建立起来。家庭是我们的国民生活、进步、幸福和成功的基础。一个男人，最根本的守护无非是妻子、儿女和一个家。无论他受到怎样的磨难，无论他多么贫穷失望，从不失去这个梦想。他幻想着自己的理想家园，就像建筑师构想自己的宏伟蓝图。对家的梦想是世世代代人们的伟大动力。自古以来的男男女女为了名誉和地位做出了巨大的牺牲，如果是为了实现家庭的梦想，又有什么是人们不能忍受和乐于忍受的呢？

当家庭的物质基础已经实现，幸福的美梦被丈夫或妻子轻易粉碎，这是多么令人遗憾的事情啊！究其原因，是很多夫妻没有意识到婚姻的本质是一种妥协。家庭要想幸福长久就需要夫妻双方心甘情愿地妥协。这是和谐存在的基础，因为没有两个人是完全一致的，能在每件事情上有相同的看法和感受。

遗憾的是，并不总是因为某一方有重大问题或严重缺陷而毁掉了夫妻的幸福、拆散了家庭或使家庭长期不和。摩擦的起因往往是一些日常琐事。一个唠唠叨叨、烦躁不安的男人或女人可以毁掉一个家的和平，给每个人带来痛苦。吹毛求疵、抱怨责骂、相互误解是家庭幸福的蛀虫。

家庭的幸福、孩子的健康成长取决于幸福的婚姻。在幸福的婚姻中，夫妻承认各自的不同，努力适应对方，因为男人和女人是互补的。

乔治·爱略特说："对于两个灵魂来说，还有什么事情会比感觉他们是一体的——劳动时互相帮助，痛苦中互相扶持，生病时互相照顾，临终分手时在默默无语的记忆中合二为一更为伟大呢？"

当男人和女人以这样的心态结合在一起，当他们在各种艰难困苦中保持这种心态，那么无论是住在简陋的小屋，还是住在西部草原上的窝棚，他们都会拥有一个幸福的家。

『陌生人，我为什么不能跟你说话？』

【第十七章】

柔和的态度对于一颗被人轻蔑的心的确是很大的安慰。

——罗曼·罗兰

很多次在街上遇到我们的战士和水兵，我的第一反应是伸出手表达我对他们的感激之情。我知道他们放弃了事业、家庭，还有对他们来说比生命还宝贵的人为我去战斗，从他们身边经过而没有任何表示似乎太冷血了。但世俗的铁律抑制了我的本能反应，我不说一句话，不带任何表情地从他们身旁经过。可没有一次这样做后，我不深深地懊悔，因为没能讲话，没能对他们为我们所做的一切报以他们一个微笑，表达一下感激之情。

"陌生人，当你路过遇见我，你为什么不能跟我说话？我为什么不能跟你说话？"沃尔特·惠特曼如是说。

这是爱的方式。但习俗插进来说："不，你不可以和陌生人说话。"于是我们便遵从。

　　这种冷淡使得纽约、芝加哥、旧金山这类大城市对陌生人，尤其是外国人来说就像世界上最孤独的地方。日复一日看到无数张脸，却没有一个人对你做出友好的表示，道一声问候，甚至看不到一个微笑，这是很让人沮丧的。这似乎很残酷，也不够文明，但这并非源于不善，或人们不想友好——这只是习俗使然。

　　那我们为什么还要让这习俗继续存在呢？为什么陌生人之间就要彼此漠视而不是给予微笑和令人愉快的友好表示呢？这些被我们称为陌生人的人实际是我们的兄弟姐妹，只是因为我们社会这个家太大了，我们才没有机会认识所谓的陌生人。

　　那种认为我们在互相被正式介绍之前不能讲话的想法有些不人道，也不自然。遇到陌生人好比一个兄弟姐妹离家几年之后返回家乡看到他们走时还没在那里的新的兄弟姐妹。我们不认识的很多人在兴趣爱好上可能比我们的家人更与我们相似。我经常遇见一些人，他们的脸告诉我他们是我的兄弟姐妹，不仅因为我们属于一个大家庭，还因为我们是相连的，因一种情感上的相似性相连。我的心不由自主地倾向于他们。我渴望停下来告诉他们我想认识他们，他们脸上有东西吸引了我。我能从中找到令我感兴趣的故事，我知道那里有我需要的东西，我也一定有他们感兴趣也许还能帮助他们的东西。他们不仅表情和善，而且经常看起来好像知道我在想什么，并为习俗禁止我们讲话而感到遗憾。

有人认为在不了解对方的情况下和陌生人讲话会导致不好的结果，尤其对女孩子而言。我的回答是在有这种习俗的南部事情并非如此。如果它成为一种习惯，在大城市也没有什么。一个令人愉快的表情、一个微笑，或一个友好的问候并不意味着我们跟陌生人走掉，或女孩们允许自己被陌生男人带入歧途。

在纽约居住了很多年后，我第一次去一个南方小镇，惊喜地发现那里的人们对街上的陌生人非常热情。我第一次走在街上，很多从没见过我的人向我行礼，黑人对我脱帽。那种热情友好的气氛与纽约的冷淡形成鲜明对照，令我印象深刻。从那时起我就想住在这个南方小城。

英美人与陌生人交往时尤其冷淡无情。当我在宾馆或饭店的桌旁坐下来，对面的英美人让我觉得我打扰了他们，他们似乎希望我不要挡他们的道，我和他们坐同一张桌简直是厚脸皮。

相反，在欧洲大陆旅行时，尤其在法国，我们进入饭店坐下，桌对面或邻桌的人礼貌地报以微笑，让人感觉如沐春风。我最美好的一些经历来自在异国他乡的旅行，遇到一些语言不通的陌生人，他们的友好让我感觉我们是真正的朋友。

有纽约人告诉我他们几年来几乎每天都遇到同一些人，可从没讲过话，也没有任何表示。这似乎不够人道。如果我们是街上遇到的陌生人的兄弟姐妹，我们为什么要冷冷地走过呢？我们至少要给他们一个微笑，让他们知道我们承认我们之间的手足之情。

厄尔伯特·哈伯德说："这个世界总是缺少爱。"然而，如果我们愿意，我们可以无限量地施与爱，我们付出多少就会收回多少。即使不与陌生人讲话，我们也可以看着他们让他们感觉到我们的亲缘关系。我们可能不知道一个友好的表情和快乐的微笑意味着什么。

我认识一个老妇人就有这样甜蜜仁慈的表情，她脸上的微笑似乎在说："若我认识你，我定会跟你说话。"电梯工、售票员、送报的孩子还有办公室职员，每个与她接触的人都感到在这一天余下的时间得到了祝福。

完美的陌生人用微笑、鼓励的眼神、善意的行为向我们默默地传达着友好的信息，在我们前行的路上给予我们帮助，让我们意识到他们的情谊。在纽约的街上我几乎每天都会遇到这样的一个陌生人，他脸上的表情充满爱和兴奋，尽管他没有讲话，我还是觉得他想跟我说话，阻止他这样做的是习俗而非意愿。

狄更斯说："在这个世界上为别人减轻负担的人就不是无用之人。"对所有人怀有善意的人是世界范围的助人者。大多数人高估了金钱的帮助作用。人们最需要的是同情与爱。这才是能激励、鼓舞和提升人的东西。

多少孤寂的灵魂在渴望同情和陪伴，这是任何物质都不能给予的！我们到处看见渴望爱、渴望有人欣赏他们的人。我们看见拥有大量物质财富的人，生活得舒适奢华，似乎拥有了一切，唯独缺少爱。

一个富有的女人，为了得到一个善良纯洁的男人或一个小孩子的爱，宁愿倾尽家财。也有许多百万富翁因没有爱而生活得贫瘠。我们在各种人脸上看到缺少爱的面部表情。他们中的很多人富有土地、房产、汽车、游艇、金钱，一切的一切，除了爱！

我们要教育孩子让他们相信我们是相互关联的，人类本就是个大家庭，不要因为他们碰巧没被介绍就不相互讲话。

当我们这样做，男人和女人们就不会像现在这样，冷冷地从那些渴望友谊、爱与同情的人们身旁经过，除却世俗的阻碍，很多人是乐于帮助别人的。

有一个帮助别人的好建议，那就是不管我们可能多么贫穷，也要明白善良友好具有伟大的辐射力，即使不与别人说话，也可以给他们力量和支持。

"在我们的小圈子里，我们欠的最多的不是最积极的人，"菲利浦·布鲁德斯说，"在我们认识的普通人中，不一定是最忙碌的人在做那些看得见的任务和工作。是那些繁星一样的生命把他们柔和的光和信念倾泻在我们身上，我们抬头仰望，积蓄最深沉的勇气和力量。对我们中许多没有机会过积极生活的人来说，这里存在一种信念，我们可以通过良善的帮助和安慰，使卑微的人变得真正强大、温柔、纯洁和善良。"

我认识一位妇女，她又矮又瘸，但却有一颗甜蜜、开放而美丽的心灵，大家都很爱她。她关注每个人，也受到所有人的欢迎。她很穷，但她仍满腔热忱地走进别人的生活，那样无私，那样热情，足以让身体健全、条件优越的我们感到汗颜。

爱的信念和对一切的美好愿景反过来作用在我们身上。

它是伟大的友谊创造者。当我们对别人产生关注时，我们便能轻而易举地结识很多朋友。

没有人穷得不能帮助和鼓励他人，或对渴望陪伴的孤独心灵付出爱和同情。

【第十八章】

『我服侍最强者』

对于我来说，生命的意义在于设身处地为他人着想，忧他人之忧，乐他人之乐。

——爱因斯坦

有一个古老的传说，讲的是一个强壮的巨人，他的信条是"我服侍最强者"。一开始他服侍的是镇上的市长，直到他发现公爵比市长的权力大得多，他就离开市长去服侍公爵，等他发现公爵也得服从比任何公爵更伟大的皇帝时，他又把忠心转移到皇帝身上，直到有一天他听皇帝说他害怕魔鬼。

　　"什么！你害怕魔鬼？"巨人喊道，"帝王也有害怕的东西？还有什么比帝王更强大的吗？如果有，我要去服侍他。"

　　离开皇帝，他找到魔鬼，开始服侍他。但他很快晓得魔鬼害怕那个比他更强大的基督。

　　他寻找基督，找了好久。一天，在密林中找寻时，他遇到一位老人，老人告诉他先去服侍人，这样才能服侍最强者。

巨人听从老人的建议，在他居住的木屋旁有一条河，他便开始摆渡人们过河。这条河水流湍急，很多人曾在此丢了命。

一个暴风雨之夜，巨人听见有人敲门。开门一看，是一个小女孩想要过河。巨人告诉女孩现在正是河水上涨的时候，如果他冒险渡她过去，恐怕半路要翻船，河上满是锋利的浮冰，她会没命的。但孩子坚持说当晚要过河，如果他不帮她，她就自己过去。

巨人点上灯笼，和女孩一起上了船，驶进了汹涌的河水。风吹灭了灯笼，他们处在一片黑暗和急流中。巨人以超强的力量成功把船驶到对岸，他自己也精疲力尽，一上岸便一头栽倒在沙滩上失去了知觉。当他醒来时，孩子消失了，只有一个男人躬身俯瞰着他，那人面庞像那个孩子，脸上有常人所没有的光辉。那人对他说，由于他服侍了最卑微的人，他也就服侍了他的主人基督。

与这个古老传说类似的是托思妥耶夫斯基关于农民想见基督的美丽故事。故事讲道一位虔诚的俄罗斯农民祈祷了许多年，希望上帝会来造访他简陋的家。一天晚上，他梦到上帝第二天会来。梦境如此真实，农民早上醒来便开始忙碌，为这位天国客人的到来做准备。

白天，一场强烈的暴雨夹雪袭来。那人照常做着家务，一边煮着他常吃的白菜汤，一边用期待的眼神向暴风雪中张望。

忽然，他看到一个行人，背上背着个大包，艰难地走在雨雪中。善良的农民冲出去把行人领进小屋。最后，行人烘干衣物，喝了农民的汤，心满意足地继续上路了。

农民往外望，又看到一位老妇在风雪中虚弱地走着。他又一次把她领进屋，让她烤火，给她吃的，又用自己的大衣把她裹紧，欢欢喜喜地送她上路了。

黑暗降临，还不见上帝的影子。带着一线希望，那人又走到门口，望向黑夜，他看见一个孩子几乎走不动了。他把快要冻僵的孩子抱进来，让他暖和，喂他吃饭，很快孩子就在炉火旁睡着了。

上帝没来，农民非常失望，他坐在那里盯着炉火，也睡着了。突然，房间里充盈着并非来自炉火的光亮。上帝站在那，身穿白袍，面色平静，微笑着看着他。

"哦，主啊，我等了你一整天，你都没来。"上帝回答说："我今天已经来了三次了。你帮助的那个贫苦的行人是我，你把你的大衣送给她的那位妇人是我，你从暴雪中救过来的孩子也是我。你为这些人所做的事正是为我所做的。"

有人说："人为天父所做的最好的事情就是善待他其他的儿女。"无论何时对别人做善事，请遵循这样的教导："给你们新的训诫，那就是你们要爱对方，像我爱你们那样，你们互相也要有爱。"世上美好正在于人们相互的爱。

"我服侍最强者。"这是多么精辟的人生哲理。因为服侍最强者就是服侍上帝，也包括救助最弱者，以及所有需要我们帮助的人。

很多人并未意识到我们给予别人的哪怕最微小的服务也有着巨大的价值和重要性。善待他人的习惯，无论何时无私奉献的习惯不仅使他人受益，也使我们自己受益无穷。这使我们的生活比那些以自我为中心的人的生活更多姿多彩，也更和谐美满。

我想起一个人，他的生活就是一个很好的例子。他有一大群朋友，大家都很爱他，因为他和蔼可亲、乐善好施。他相信给年轻人的每一个好的建议和想法都会像种子播撒在希望的土壤里，每次遇到男孩、女孩，他都会播撒一些这样的种子。鼓舞激励他遇到的每一个年轻人已成为他的生活准则。

如果遇到的年轻人缺少教育，他就鼓励他自我提高，告诉他怎样充分地利用时间。如果这个人缺乏理想，他会设法唤起他对自己的信念。如果他发现一个人正在做不适合自己的事，他会督促他离开那里，找到自己的地方。换句话说，他在自己的人生路上，努力地提携别人，谁也不知道他这一生影响了多少人。

在弗里德里克斯堡战役中，成百上千在战场上受伤的联邦士兵，整日整夜躺在那里忍受饥渴和伤痛的折磨。回应他们痛苦饥渴的呼喊声的只有炮弹的轰鸣。一个年轻的南方士兵被喊叫声触动，请求长官允许他带水给那些伤员送去。长官警告他此时出现在战场上意味着死路一条。但年轻战士把自己的生命置之度外，还是提着水桶，冒着枪林弹雨出发了。他挨个走到伤员跟前，扶起他们扭曲的肢体，把背包放在伤者头下，给他们盖上大衣和毯子。两军将士看到年轻人不顾枪林弹雨，舍生忘死地做的这一切，深受感动，以至于停止了射击。在一个半小时的时间里，那个穿灰军装的男孩在战场上走来走去，履行他爱的使命，为饥渴者送水，给垂死者送去安慰。内战中还有比这更美的场景吗？

有些人总是随时随地帮助别人，无论他们走到哪里，阳光和鼓舞便随之而来。他们会使消沉者得到鼓励，令受苦者得到安慰。

　　在波士顿，一位女士在圣诞购物期间，看到一位救世军组织的女孩正在大街上为穷人募捐，她看起来又冷又累。女士问她是否愿意休息一下去吃点东西。女孩说她虽然很饿很累，但她不能离开岗位。女士提出自己可以代替她的位置，并送她到一家宾馆吃点热乎的饭菜，好好休息一下。路过的行人都好奇地停下来看着这个穿着裘皮的时尚女人摇着铃铛为救世军募捐。人们一边猜着她的动机，一边往募捐箱里扔下五分、一角或一元的钞票。这位临时募捐者的朋友和熟人路过，知道了她的好意也是纷纷捐款，那天晚上筹到了很多钱。

　　一位旁观者评论说一千个女人里也没有一个会这样做。为什么？为什么我们不能做这事呢？世界上最美的事不就是这种自发的爱的奉献吗？有人说："为什么我们不能比现在的自己更加善良呢？这世界多么需要爱啊！这事情做起来多么容易，多么自然，又多么令人难忘，而且它的回报又是多么丰厚啊！——因为世界上再没有比爱更有价值的施恩者了。爱永不失败。爱是成功，爱是幸福，爱是生活。"爱没有惧怕，因为它全然不顾自身。它只想对别人有益，为别人解除痛苦。

　　很多心胸博大的人们一直在尽最大的力量帮助别人，却从没想过回报。他们一直在无意识地服侍着最强者。

幸福曾被诠释为"伟大的爱和奉献"。没有什么努力能像一路走一路播撒爱和奉献的鲜花，种植玫瑰而不是荆棘那样能带给我们如此丰厚的回报。没有什么投资能像善意的话语和行为，努力向所有生灵发出爱的热量那样带给我们更多的红利。

我读到过这样的一个故事：有一个穷人，在一天晚上梦见自己到了天堂，他很吃惊，不停地为误闯误入而道歉。他说他知道自己不属于这儿，因为他一生没做过什么值得拥有这个荣耀的事情，事实上，他都没有想到自己能在天堂门口看一看。

他解释说自己没有能力做任何事情来赢得这个荣誉，他只是个平凡、普通的工人，在社会上也没有什么地位。他努力诚实地生活，勤奋地工作，尽力抚养好孩子们，对邻居友好，至于进入天堂，他可从没想过。

天使对他说："我的朋友，不要低估自己。你不记得自己如何花光了所有积蓄为那个穷苦的女人保住了家吗？在几乎无力抚养自己的孩子的时候，你不是还帮助了那个无家可归的孤儿吗？还有，当你连家都没有的时候不是还牺牲自己的舒适，给别人那么多无私的帮助吗？"

"还有很多类似的事情，"天使接着说，"都是把你带到这来的原因。你有资格来这里，你属于这儿。"

"但是，"那人不好意思地说，"我从没建立过大学、医院，或捐钱给慈善机构，像我的老板布兰克先生那样。"

天使回答说：" 并不是因为做了这些事使有钱有权的人得以进入天堂。天堂的大门向人打开，是因为那些不知名的善举和爱心的付出，以及日常生活中的自我牺牲，还有爱和无私的奉献。"

有人说我们爱得越多，就离上帝越近。当然，他指的是最高、最真、最纯洁意义上的爱。当我们这样爱着，当我们变得公正、诚实和纯洁，我们便与神最近。这种爱让我们与美丽、高贵、高尚和无私者为伍，与崇高的情感、最高原则和生活中一切美好的东西相伴。这种爱是我们通往神圣殿堂的金钥匙，是人与上帝连接的纽带。

【第十九章】
日常习惯

德行善举是唯一不败的投资。

——梭罗

这是一位无线电专家的预言：我们终于可以在全球范围内通电话了。你可以坐在电话亭里对着话筒讲话，另一个人坐在下一个电话亭里，等着听你讲话。

他说："你的声音将通过电线传到旧金山，然后在空中越过太平洋，传导到另一条电线上，它将通过电线穿过欧洲，然后通过无线电波横跨大西洋，返回到这里纽约的一条电线上，最后通到离你几尺之遥的你的朋友那里。"

这是如何做到的呢？这与声音通过电话传到隔壁或几英里以外是一个道理。

声音引起的震动传到电线，引起电线中物质颗粒向空中的震颤，电线引导、保护震动不流失，但无线电报告诉我们震动不依赖于电线，这就是空气中的震动。当我们通过电话与远方的人交谈时，我们的说话声并不是以声音的形式通过电线传输过去的。人的声音引起一系列的震动，这震动又在电线的另一端被精确地复制出来。电线并没有传递任何声音，然而你听到对方讲话却非常清晰，就好像你们正在同一房间一样。

这让我们想到我们的思想是否也是以同样的方式发出震动，传向我们的朋友以及敌人。我们都感受过亲人向我们发出的爱的讯息，也感受过流向我们的源自憎恶和嫉恨的不和谐的震动。

通过无线遥控，科学家在陆地上可以引爆远处海底的鱼雷。我们的思想，好的或者恶的思想也可以传到空中为我们自己和他人带来祝福或诅咒。尽管相距遥远，我们可以使人感到痛苦或幸福。反过来，我们也一样能受到他人思想的影响。

我们生活在各种各样思想的流动和交叉之中。每次我们恐惧、担忧、怀疑和憎恨，来自他人的同样的思想便与我们的思想相结合，这只会增加我们的痛苦。

反之，当我们的思想与爱的流动结合，当我们发出的是勇气、信念、爱的震动时，我们就被来自四面八方的相似的情感流动所包围。

震动与生活密不可分。生活中的一切几乎都可以用振幅来说明。譬如，色差就是由于不同颜色的震动对视神经产生的差异，没有这些波动就没有颜色。声音也是同样的道理，乐声及各种声音都是由于不同振幅对听觉神经的影响，不同震级引起大脑不同的感受。

宇宙中的每一个原子都处在震动状态，无时无刻不在绕着一个中心旋转。月亮绕着地球，地球绕着太阳，太阳绕着更大的轨道，都在以难以置信的速度运行着。所有原子、电子也在绕着自己小小的核心旋转。

维持地球上生命的太阳的热量也是震动的。想到太阳把热量传出九千三百万英里，真是不可思议。我们所谓的热量就是能源震动的一种形式。太阳发出的能量通过震动的方式传送到地球。

所有生命都是一种震动运动，我们的生活质量取决于震动的质量和级别。和谐的震动意味着健康、幸福、高效、成功。不和谐的震动意味着窒息、不和、理想受挫、事业失败。

如果我们生活在彼此为敌的不和谐的震动当中，生命就会极快地枯萎。反之，如果我们生活在无尽的和谐之中，我们的头脑、神经、精神及肉体都得以健康，力量得到增强，

▲第十九章▼ 日常习惯

195

成功和幸福得到保障。

我们每天都有意无意地受到来自内心和外界各种震动的影响。我们遇到的每个人，我们听到读到的每句话，我们的环境、行为、动机、思想、情绪、情感，全都通过身体里面亿万个细胞发出震动，产生什么样的影响取决于震动的驱动者。

我们可能不知道所有愤怒、憎恨、嫉妒、贪婪等恶劣情绪引起的震动不仅科学精确地记录在我们的性格上，也体现在身体上。如果我们发出的是希望、爱、喜乐、慷慨、高贵的震动，它们必将流经神经系统，直到使身体里的每一个细胞产生同样的震动，使身体里的每一条神经、每一个原子焕发同样的特质。

人身体的疾病很多都来自神经组织所发出的坏的震动。对癌症等各种疾病的恐惧所激发的震动，会在你的身体里得到复制。众所周知，悲观者远没有乐观者健康。希望引起建设性的震动，惧怕、怀疑等负面情绪引起破坏性的震动。

每个人都以自己的思想形成自己的小世界。你发出什么样的震动决定了你的世界是什么样子。一个家里的两个人，住在同一屋檐下，处在同样的环境中，两个人的世界却可能有天壤之别，因为他们的思想、动机、行为有别。

一个生活在现实、爱和希望里，另一个可能生活在最坏的思潮里。

人们经常对一个受到良好教育的女孩会迅速堕落感到震惊。一些女孩子一旦学坏，她们堕落的速度是难以想象的。原因就是她们交上了坏朋友，或者说，她们被与之交往的人带坏了。

同样，当一个年轻人产生了坏念头，有了犯罪的想法，他便与罪恶的思潮有了联系，还没等他自己意识到，就已经失足犯了罪。

我们习惯于认为自己是一个个体的单位，但其实我们是与那些与我们有相同电波的人相通的。我们形成一股看不见的震动的电波，这股无线电波与相似的电波接触，力量不断增强。

如果与我们相连的这无形的电波能像一幅画一样让我们看见，那对我们的教育和性格塑造该多有帮助啊！而那罪恶丑陋的电波图像又该是多么令人惊骇！

无线电报的最大问题之一就是如何排除干扰电波。我们的问题也在于排除障碍，让我们只与想接收的讯息连通。如果收报员的机器排除不了干扰，它就收不到船上发出的求救信号。同理，我们若想接收清晰美好的信息，就要尽力排除干扰我们心智的负面的信息。只有排除了这些对身心有害的震波，我们才能收到神圣的信息，爱的电流和激励我们有所成就、实现梦想的震波。

你发出的是什么样的震波呢？是和谐的还是杂乱的？是憎恨、自私、嫉妒、贪婪的，还是欣喜快乐、充满希望的？你辐射的是阳光还是阴影？你发出的是给人鼓舞的震波还是引起纷争、痛苦、怀疑、担忧的震波？

记住你发出什么就会收到什么。如果你发出不和谐的震波，最终受伤的不仅是别人，还有你自己。没有完全孤立的人，我们的思想总会或好或坏影响到别人。所以，只发出有益的震波，这是多么重要啊！

人人都可以引导和控制自己的思想。你发出什么、接收什么完全由自己决定。我们没有必要成为恶劣思想的牺牲品。如果你愿意，你可以使自己与万物之源协调一致，与美丽、真实、爱、善良、无私协调一致。也就是说，只要尽力去做，人人都可与最高者相和谐，居住在人间天堂里，而不是像很多人那样，大部分时间生活在地狱之中。

教堂利用音乐来调整朝拜者的心情，让他们为敬拜做好心理准备，以便更好地听取布道。圣乐让敬拜者与神相通。若星期日涌入教堂的朝拜者们整个星期都保持圣乐奏响时的心情，那这世界将是一个多么快乐的所在啊！不管去不去教堂，如果每个人每天早晨都决意要让这一天中的每个想法、每个动机、每种情感和心态都是健康向上的，那将使我们的生活发生很大的转变！

生活的艺术就在于使自己和谐，与他人和谐。这就需要与永恒的原则，与上帝之爱保持一致。力量、平衡、和谐的秘诀就是与主合一。

当我们的震波与万物之主和谐一致时，我们就会有无穷的力量，我们将感受到一种神圣的能量在我们周身流动。

那我们该如何做到呢？答案就是，每天早晨醒来的第一件事就是定好一天的基调。我们知道歌唱家是如何定调的。他用音叉或在键盘上摁下一个琴键，来让声音和乐器定在一个调上，使它们的震波和谐一致。

同样，当我们希望与神的器乐相调和时，我们必须使用某种精神上的音叉来保证发出相同的震波。

最伟大的音叉就是爱。只有爱能最快地达到与神协和的目的。爱使心灵定在平静、真实、美丽、纯洁、无私、诚实、正义等与神一致的基调上。有了爱，就没有不和谐，因为爱是至高的协调者、伟大的和平创造者。爱的震波是疗伤的药膏，它能中和所有不良的情感和倾向。

当我们打开心灵，让神爱流入，就不难与美好的一切保持和谐了，我们的力量和效率将得到成倍的增长，因为和谐本身就是力量和效率。

东方的哲学家们有个很好的习惯：早上起来，面向太阳，思想神的奇妙，让头脑所有经络向神圣美好的一切敞开。在醒来的那一刻，他们就关闭了头脑中所有肮脏、自私的想法，只让爱的洪流涌入。他们就这样，为这一天的日常生活，为工作和精神上的沉思默想做好了准备。

下面是一个极好的建议，能够帮你找到你一天的主音：

早上起来，面向太阳，想象它就是神爱的象征。把太阳看成造物主的一个奇妙作为，为的是要给你的生活带来光、健康、快乐和美。深深吸一口气，就像吸进了真、善与美。使它成为你的日常习惯，你会惊讶地发现它会很快使你整个人大变样。

你可以选择任何方法来调整、控制你的精神震波。而一旦你学会使自己与能帮助、鼓励、提升你的爱的震波协调一致，你的身体就会变得强壮，心智得到极大的拓展，整个生命得到力与美的发展。

【第二十章】
予人玫瑰

人生如花，而爱便是花的蜜。

—— 莎士比亚

在亲人活着时，人们大都觉得没有机会对他们表达爱意，亲人死后才觉得后悔，觉得再没有比这更可悲的事情了。

很多男人在他们母亲或妻子棺材上堆放的鲜花远远多于她们生前所得到的。有些男人，出于一种悔恨的心理，在母亲葬礼上所花的金钱比他在母亲生前给她买的礼物的总和还多。

《青年伴侣》上登载了一个关于青春活力的年轻女孩的故事。这个女孩结了婚，生了四个孩子，后来，丈夫死了，没留下一分钱。她勇敢地担负起抚养子女的重任。她教书、做针线活、刷漆，只要能挣钱把女儿们送到寄宿学校，把儿子们送去上大学，她什么活都干。

　　终于儿女们长大成人，女儿聪明、漂亮、优雅，儿子强壮、上进，此时母亲已是心力交瘁，满头白发。孩子们各干各的，他们成了家，有了自己的兴趣，可怜的母亲被忽略在一边。就这样过了好多年，直到有一天她患上了严重的脑部疾病，很明显这是由于长期的孤独、失望和缺乏来自儿女的关怀所引起的。

　　这件事使她的子女们意识到了自己的疏忽，在母亲弥留之际，他们全都悲痛地围拢在她身边。一个儿子抱着母亲对她说："您是我们的好妈妈。"母亲的脸上有了一点色彩，她睁开眼睛，用微弱的声音说道："你以前从没这么说过，约翰。"然后，她眼睛里的光暗淡下来，谢世了。只剩下孩子们在那里悔恨、啜泣。他们在她棺材上摆满了鲜花，为母亲举行了隆重的葬礼。

　　这不是爱的方式。真正的爱是为活着的人送去鲜花，而不是等人死后才想起。爱在人需要的时候给予帮助，不会等到一切都已来不及。

　　爱总能找到办法，总能找到做善事的时间。爱不会等到最后生病的时候才想起可怜的老母亲，把安慰留到她不能享受的时候。爱会在她渴望关心的时候去关心她。爱会经常给母亲写信，而不是几周、几月后才匆匆写一便条，告知太忙了，没有时间写信云云。

世上的大忙人会声称自己太忙了，没时间关心别人。但当他爱上了一个漂亮女孩，他就有的是时间去讨好她，去看她，去写信给她。真正的爱会找到时间去看看老母亲，让她高兴，给她送花，送糖果，不断让她感受到她应得的爱。

有一种给予不能延误。你必须抓住机会说好话，做好事，因为机不可失，失不再来。每一天有每一天的给予，如果把今天该做的事拖到明天，今天的机会就失去了，因为明天会有明天的计划，不能把今天的事都堆到明天。

当犹太人的子孙在旷野中行走时，每天都有新鲜甜美的吗哪从天而降，供他们食用。神晓谕他们不要为第二天存留，因为每天都会有足够的食物。可他们不信，仍要存留，结果留下的吗哪全都坏掉了。

我们日常的礼物就像这犹太人的吗哪一样，是留不住的。若不用在适当的场合，就失去了作用。鼓励、微笑、善良、关心、欣赏、表扬、感恩，这些礼物在我们的人生路上要每天随时给予，因为同样的路只能走一次。我们不能走回头路，每一步都在往前走，如果不随时播撒爱的种子，我们身后的路对后人来说就会贫瘠得多。

人们常把"我没有时间"作为疏忽的借口，其实它根本就不应该成为让生活的吗哪坏掉的借口，就像呼吸不能延迟，日常的给予也绝不能拖延。如果你没有及时表扬保姆、报童、司机、雇员、同事，给予需要你帮助的人以帮助，如果你没有及时把这些礼物和祝福送出去，那它们就永远丢失了。

下面这段文字或许对我们有一定的启示：

如果格莱德斯通在处理繁忙的国际事务的间隙还能找到时间去看望一个生病的街道清扫工，那么不那么忙的人们又有什么借口忽略这些小小的善意行为呢？这件事使格莱德斯通在英国人心目中的形象比他做的那些伟业更显得伟大。还有菲利浦·布鲁克斯，他在波士顿的贫民窟替一个母亲照看婴儿，好让孩子母亲出去透透气，这件事比他高贵的一生中的很多伟大成就更多地赢得了美国人民的喜爱。

"有时候我想我们女人是不是过于忙碌，得不偿失了，"一位老妇人忧心忡忡地说，"我们被告诫不要浪费每一分钟，业余时间多干活和学习，同时做很多事情，以至于拿不出时间做点好事。我们扶危济贫，但对那些看来似乎没什么难处的普通邻居却拿不出一分钟的时间。实际上做一些小事并非是浪费时间。与邻居交换一两盆花，友好地唠唠家常，都会使人愉悦，摆脱枯燥感。我们不该忙得无暇打听邻家在外上学的女孩或对他家那个当兵的或'在那边的'男孩的来信表示出兴趣。有人对你关注的事情表示关心，这对孤独的母亲是一种安慰。尤其是我们不能忙得忽略了家人。但愿没人说我们忙得不近人情。"

可我们中有很多人吝啬同情，吝啬对别人的鼓励和帮助，舍不得拿出钱来资助别人。我们用钱买房、买地、买股票、搞投资，就是不帮助那急需帮助的人，因为我们害怕哪一天自己会需要这些钱。

有一个年轻聪明的女孩子，在一家工厂工作，她要帮助一个兄弟完成学业，还要抚养生病的母亲。她的工资很少，与她在工作上的付出不成比例。她把自己的情况告诉了老板，希望能增加工资。老板知道那是她应得的，他也有能力支付更多，但他自私地拒绝了她的要求，心里对自己说现在不行，以后再给她加钱。多年以后，女孩慢慢老了，没有钱，身体也垮掉了，若不是朋友相帮，她几乎活不下去。

没有什么比用"以后再做"为借口，推迟我们现在应为别人做的事更能阻碍我们道德上的发展了。我们很清楚好事延迟越久，越不可能再去做。结果，我们失去的是比我们要给予的贵重得多的东西。

那些吝啬物质援助，把爱的芳香只留给自己的人，最终会发现心灵的善良之泉已经干涸，美好的天性遭到破坏，同时也失去了财富带来的喜悦，只有心胸博大的人才能享受快乐。

世上的事就是这样神奇，自私自利最终会败在自己手里。花苞没有多少芳香和美丽，只有当花蕾绽放，吐露芬芳的时候，它的美与香才得以开发。传说所罗门王收到希伯女王送给他的一个珍贵的花瓶，里面装着万灵药，一滴便可恢复健康，长生不老。所罗门的朋友们听说了这神奇的万灵药，死亡临近时，他们都恳求得到一滴这珍贵的液体，但都被所罗门王拒绝了，他担心瓶子一旦打开，其余的就会挥发掉。最后，他病得很重，让仆人拿来这瓶子，但是，看啊，那珍贵的液体已经全都挥发了！

拒绝打开钱包，很快就会拒绝同情。拒绝爱就会失去爱的能力，没有了爱和同情，你就是一个道德上的残疾人。而一旦你打开心灵的大门，毫不吝惜地向每一个路人送去美丽与芬芳，你的力量便开始增长。

如果一个人患病多年，最终找到了治病的良方，却拒绝把方法告诉那些患同一种病的其他人，你怎么看他？你可能说这简直是犯罪。也许你很难相信其实人人都是这样残忍而自私的。在生活中，我们常会遇到各种有助益的事情，我们会轻而易举地接受下来，可有多少人会把它们传下去呢？多少次我们把别人说的好话当成对自己的恭维，却不想如何去帮助别人，或把这有用的信息传给另一个人；多少次我们把个人的、家庭的用品收藏起来，心想以后也许会用得到，而不是把它送给现在就需要的人！

这不是爱的方式。爱是慷慨的给予者。爱不把所有东西都堆到阁楼上，只因为可能会用得上。爱把旧衣物、旧玩具、不用的家具都送给穷人。趁大衣还能穿的时候送给别人穿，读过的书籍杂志送给别人看。爱每过一段时间，就巡视一番，拣出那些没有也能行的东西送给人。换句话说，爱有为别人着想的心，爱愿意帮助别人。

如果我们实践爱的方式，就不会有死后行孝的问题。我们不会推迟爱的给予，我们不会等到过后再去实施援助，我们不会忘记把我们收到的许多好东西传递下去。

每天我们都会给出很多有价值的东西，这不会影响到我们的日常工作，同时又对别人大有助益。最终受益的不仅是别人，更是我们自己。做了这些基督在同样条件下也会做的事情之后，我们就会感到力量的重生。每做了一件善事，上帝的话语便在耳畔回响："你为那最弱小的人所做的，就是为我所做的。"

【第二十一章】

来自宇宙万物的书信

大自然的每一个领域都是美妙绝伦的。

——亚里士多德

沃尔特·惠特曼说："宇宙万物向我汇集，全都是写给我的书信，我要读出其中的含义。"

　　不知你可否想过每一朵花、每一棵树、每一缕阳光、每一片风景都是宇宙万物给我们写的爱的信息和书信呢？如果我们能在岩石、田野、鲜花、日月星辰、云朵、落日，及其他的一切作品中都能读出宇宙万物的笔迹，那我们该多么快乐啊！

　　书籍和老师为我们开启了知识的大门，让我们知晓无穷的智慧、自然的美与自然的法则，但我们只有通过个人与自然的密切接触，才能读出和理解宇宙万物写在自然这本大书里的每一条信息。

　　造物主给我们的最大快乐就是要我们在他的造物中寻找他。自然界中充满了奇妙，让每一种生物都能各得其所。它们都是被创造出来为我们所使用和享受的。喜悦通过各种感官——视觉、听觉、嗅觉、味觉和触觉进行传递和交流。

为什么正常人都爱鲜花？因为鲜花能够带给我们喜悦，愉悦我们的感官。宇宙中没有毫不相关的事物，万物之间彼此相连。

如果一个人一生的每一天、每一刻都能在大自然中看到宇宙万物的存在，那该是多么快乐的生活！我们都会像爱默生说的那样："当我们身处奇妙与美的包围之中，我们所当做的就是快乐、勇敢、为理想的实现而努力。难道得到了这么多的心灵还不能相信它赖以生存的超自然的力量吗？难道它还不放弃别的道路，专心听从圣灵的指引，让未来更胜今朝吗？"

然而，很遗憾我们总是让生活中污秽的一面，贪婪攫取的动机和行动模糊了上帝的书信，掩盖了美好的东西。我们花大部分的时间为不必要的东西斤斤计较，却忽略了那最基本的、真正有用的东西，那能给我们带来真正快乐的东西。

我们不会对生活持正确的态度，除非我们学会在草地、树木、鲜花、高山、大海、山谷、云彩和日升日落中看见宇宙万物。然而我们中很多人从未很好地欣赏过展现在我们面前的这些美景，没有认真读过哪怕一封造物主写在每一片树叶、每一朵花、每一棵树或每一片草叶上的书信。我们就像一个旅人，正在穿过加利福尼亚最美的地方——黄石公园和大峡谷，不过双眼是蒙着的。我们有眼睛但是看不见，看不见便无法认识和了解。

很奇怪我们的教育者们为什么如此关注阅读名著，却对最伟大作家的作品置之不理，他们很少引导我们的青年一代去研究大自然的实验室里到处发生的奇迹，而是把学习古老的语言，分析古典作品作为大学教育的一个重要部分。难怪很难找到一个大学毕业生，能够读懂宇宙万物写在大自然中的书信。

加利教育制度最优秀的特点之一就是鼓励孩子们接触大自然。比如，把学生带到室外，让他们接触宇宙万物和它的作品。没有什么比热爱和欣赏宇宙万物的杰作更能激发孩子们心中美好的情感了。

在伟大的诗人、哲学家泰戈尔建立的男子学校里，爱是唯一的教育者。这所学校的老师和学生都在早上四点半起床，穿好衣服就走到外面唱圣诗赞颂"无处不在的万物之主"。泰戈尔要让这些孩子们像小树一样成长。孩子们把垫子铺在地上，坐在树下学习。小一点的孩子时而研究一只虫子，时而研究花草树木或自然界的其他物体，不管学什么，都学得兴趣盎然、兴致勃勃。

我们常通过给孩子们讲童话故事来吸引他们，但童话世界的神奇与魔力比起变化万千的大自然来说还是枯燥乏味得多。奇迹不断在我们眼前发生。

我们要用孩子们能理解的浅显语言向他们讲解这些奇妙的过程，在他们看到鲜花、水果、蔬菜、谷物等自然的产物时，我们要教他们看到这些东西背后的美善，看到其中体现的造物主对我们的爱。

对于孩子们来说，了解一点自然知识，这个世界就会变成神奇的童话乐园。动物学家阿加西斯可以拿一粒沙子或一片鱼鳞让一礼堂的学生津津有味地听上整整一节课。要是我们能让孩子们了解一粒沙、一颗水晶等许多常见物质的玄妙之处，生活对他们来说将非常美好。

教孩子们学会分析自然物质，可以提高孩子们的想象力、思维能力，培养对设计了整个宇宙的万能之神的敬畏之情。

如果让孩子们从小就学会重视每一棵植物、每一朵花、每一棵树以及每一个原子、分子的存在，那他们的生活就有了新的意义和乐趣。一旦这种思想扎下根，他们一生都会觉得生活是一件幸福而不是痛苦的事情。

只有了解和热爱自然的人，走在乡间的时候，才会感到灵魂的狂喜，才会调动每一种感官享受神奇的美。蓝天、白云、青草、树木、鲜花、山川、草场、小鸟、昆虫……这些构成了鲁斯金的天堂。然而对于住在城市，忙于赚钱，过着紧张生活的普通人来说，这样的乡间一日可能是无法忍受的乏味，因为他对美的感受和热爱没有像鲁斯金那样在童年时就被开发出来。

如果你在那可爱得难以言表的大自然中，从未读过宇宙万物的信，那么你此生几乎虚度，你就不算是受过教育的人。当你能够读懂上帝写给儿女的书信时，你会在路边的野花野草，在日月星辰中看到比以往读过的关于它们的书中多得多的东西。

【第二十二章】
和谐之浴

愤怒，就精神的配置序列而论，是属于野兽一般的激情。它能经常反复，是一种残忍却百折不挠的力量，从而成为凶杀的根源、不幸的盟友、伤害和耻辱的帮凶。

——亚里士多德

"一个早晨醒来就怒气冲冲的人仅次于魔鬼。"贺拉斯·布什内尔说。

　　醒来时的感觉取决于入睡时的心情。谁也不该带着怒气醒来，因为谁也不该带着怒气入睡。

　　由于性质的不同，潜意识既可以起建设作用也可以起摧毁作用，既可以让我们高兴，也可以让我们痛苦；既可以让我们感觉像天使，也可以感觉像魔鬼。我们入睡之前，投进潜意识里的每一个想法，就是一粒种子，在大脑处于无意识的夜晚，开始萌发，最后结出应有的果实。波士顿的沃切斯特博士和其他同一研究领域的人们得出结论说："改变孩子的坏习惯有一个非常简单而有效的办法，那就是在孩子们处于睡眠状态时，对他们提出好的建议。"

"我的做法是用低沉温和的语调对睡着的孩子讲话，告诉他我要讲了，他要听我说，但并不打扰或惊醒他。然后说出我的看法，用不同的语气重复几次。我用这种方式除去了孩子心中的惧怕、怒气、暴力和说谎的倾向，改正了他的不良习惯，还使得口吃的孩子在语言方面有了长进。"

在入睡之前，我们也可以采取类似的方法进行自我暗示。我们可以往潜意识里输入任何信息，不同的信息有不同的效果。斯威登伯格声称在无意识的夜晚，他的精神世界是开放的。

大多数人的一生三分之一的时间都在睡觉，因此，睡前让自己拥有正确的心态就显得尤为重要。每天二十四小时里面的这八小时的睡眠时间是不容忽视的，当然，也有一些极端的例子声称不需要给睡眠这么多的时间。但事实上几乎所有人每天躺在床上的时间都要有八至九小时。既然如此，若要让整个人生得到最大收获，我们入睡前就要像精心调整好身体状态那样，也调整好我们的心态。

没人消受得了新的一天醒来感觉像个魔鬼。要想在白天发挥最大功效，我们必须在入睡时有一个好心境。

不要带着任何怒气入睡。如果对别人有不满，忘了它，彻底清除它，代之以仁爱、善良、慷慨之心，让怒气消散在日落之前。

不管你有多累，睡得多晚，如果不能在头脑中消除不愉快的情绪，就不要入睡。请让它成为你的原则。想象"和谐"、"爱"、"对每一个生命的祝愿"这些字眼，光闪闪地写满了你整个房间。心中默念这些话，或如果独自一人，就大声说出来，直到你的意识与它们相呼应。

如果入睡时不能把心态调整和谐，那么整晚神经系统都会处于紧张状态。因为即使我们带着烦恼勉强睡着，大脑也始终在想着同一个问题。比如，如果我们睡觉时担心忧虑、情绪低落、嫉妒愤怒，醒来时就会感到身心疲惫、萎靡不振。因为血液受到坏情绪的污染，是无法供给大脑新鲜营养的。

很多人由于没有做好睡前的精神准备，睡觉时比醒着时衰老得更快。他们睡前没有使自己沐浴在和谐的心绪之中，而是让各种憎恶、嫉妒、担心、忧虑等恶劣情绪充斥在心里，这些和平喜乐的敌人，整个晚上都在不停地发挥作用，在大脑中刻下深深的印痕，并很快在脸上呈现出来。

我认识一个人，他由于工作和家庭的原因老得很快。我经常与他早晚出入城里。他早上并不显得精神焕发，总是比头天晚上看起来还老。这是因为他总是带着烦恼上床，担心忧虑着入睡。他不但没有用和谐与爱的思想赶跑那些恶劣的情绪，反而让这些精神的恶魔肆意破坏他的生活，整晚在头脑中兴风作浪。结果，它们毒害了他的血液，破坏了他的活力，使他的皱纹每夜都在加深。学会使自己与世界和谐一致这一艺术的人，睡觉之前绝不让心头萦绕那些忌恨、报复、恶意的念头，或恼火消沉的想法，这样，他们不但得到充分的休息，而且比那些带着错误想法入睡的人能更长久地保持青春与活力。我认识一些人，他们就是通过入睡前调整身心，从而使生活有了极大的改变。

自我暗示的疗法用在哪里也没有用在晚上临睡前更有效。因为那时一天的忙碌已经过去，是最能与自身协调一致的时刻。只要用爱作为主导思想，其他的不良情绪都可以通过自我暗示得以调整，从而让自己沐浴在和谐之中。

为此，我们可以在临睡前把自己的梦想和期望尽可能清晰地印在头脑中，这对健康、幸福和成功会起到积极的作用。因为在睡眠中潜意识会做很多积极的、有建设性的工作，带着不良情绪入眠，只会起到破坏作用。

如果把在和谐的心态中入眠变成一种习惯，你会惊喜地发现它不仅使你保持年轻和活力，还会使你一天比一天更有成就。如果我们睡前像预备好身体那样，准备好心灵；如果我们来一次心灵的沐浴，从心灵中抹去所有黑暗的、纷争的景象，以及所有在白天袭击我们的恐惧和忧虑，不把它们带到床上剥夺我们所需要的休息，可想而知，那我们将取得怎样的成就，我们的生活将发生怎样的变化！

如果我们训练孩子们每晚睡前形成带着快乐和美好入睡的习惯，他们早上醒来就会是清新、快乐、富有朝气的，而不是暴躁、易怒和不快乐的。当他们开始自己的事业，发现这已经成为他们的一个像吃喝一样自然的习惯时，他们的人生将会有很大的不同！

单从身体的角度考虑，养成这个习惯也很有必要。要保持健康，最基本的是养成习惯，晚上，尤其是临睡前不要讨论生意上的麻烦或任何让人烦恼的事情。当你躺下休息的时候，不要让心中有任何悔恨、遗憾、抱怨或嫉妒的情绪。一定要让心灵的沐浴冲刷掉一切引起你痛苦的事情。原谅你的敌人，如果有的话。不让自己带着任何思想上的痛苦入睡。

精神科学告诉我们，相反的意念——爱与恨、和谐与冲突、好意与恶意不会同时出现在头脑中。如果你让心中充满了爱、善意，充满了自己和他人乐观向上、助人为乐的画面，你心中就会消除报复、嫉妒、憎恨等不良情绪。

培养这个习惯永远不会太晚。无论你年龄几何，都可以从现在开始。只要你坚持用爱充满你的心，每天晚上像个疲惫而快乐的孩子那样睡去，早上醒来就会感到清新和快乐。过一段时间之后，你的潜意识就会毫不费力地执行你的指令，在爱与和平的心境中入睡便成为一种自然本性。

愿我们每天早晨醒来时，都是一个焕然一新的人，充满希望、精力和勇气，去迎接一段新生活，享受生活新的乐趣。

【第二十三章】

家庭里的英雄行为

　　把德性教给你们的孩子：使人幸福的是德性而非金钱，
这是我的经验之谈。在患难中支持我的是道德，使我不曾自
杀的，除了艺术以外也是道德。

—— 贝多芬

有人说："人们通常以为只有英雄事迹能让生活变得伟大，但总有一天我们会意识到日常生活中的那些小小的爱的行为比那些英雄行为对人更有帮助，更能散发明亮的光彩。"

以为英雄行为、侠肝义胆只发生在战场上是极大的错误。无论在生活的战场上我们坚守着怎样的岗位，每天都有机会做出一些英雄的行为。如果我们有博爱的精神，如果我们爱真实和正义，如果我们决意不管付出什么代价，都要坚持正义，我们就是不停地为生活中高尚的事业而战斗。

比如，你的老板不诚实，而你宁愿牺牲职位也要坚定地站在诚实这一边；还有从着火的楼里，或跳到河里去救人，这些都和奔赴战场一样英勇。站在正确的立场上，不怕别人的讥笑与谴责，这也是英雄的行为。而为公平、正义和原则孤军奋战往往比在无数战友的支持下，走向硝烟弥漫的战场需要更大的勇气。

当别人灰心丧气的时候，你鼓足勇气；当别人后退的时候，你继续向前；当别人胆怯放弃的时候，你微笑着等待；当别人惊慌失措时，你冷静清醒；当别人犹豫时，你坚定不移……即使失去房子和财产，你也不为所动；即使为信者所骗，希望破灭，未来前途渺茫，你仍不失去勇气，坚信神对你的安排，那么你就是英雄，和那些在战场上牺牲的战士一样英勇和高贵。

一个女人被诱骗进一场婚姻，远离亲人，住在大草原上的一间茅屋里，二十里以外不见人烟。她写道："离开儿时的家和父母，永远失去了对事业的追求，生活的梦在离我而去，我还有什么幸福可言？"

此刻这个女人是挺身而起，还是就此沉沦，这是最考验人的时候。你可以望着自己，陷在悲伤痛苦中不能自拔，直到它们把你征服。你也可以望向上帝的宇宙，像诗人那样大喊：

　　无尽的夜空将我笼罩，

　　漆黑如万丈深渊，

　　我感谢与我同在的神，

因他给我不屈的灵魂。

　　一个人除非自我放逐，否则永远不会被幸福抛弃。这女人说她被放逐离开了家，也远离了幸福。事实是如果她仔细审视自己，就会发现有很多事情可以减轻她的痛苦和失望。在她的处境中，有很多东西足以令许多人羡慕不已。她身心健康、感觉灵敏、可以自由地呼吸新鲜的空气、享受温暖的阳光和自然美景。

　　其实我们越接近自然，就越有机会积聚力量。因为力量来自于土壤，来自于阳光。乡村是力量与美的源泉。有多少人患有各种各样身体或精神上的疾病，有多少人住在城里，没有机会参观乡村的景色，他们多么羡慕这个自由自在，有机会接触自然，能近距离地研究自然的女人啊。

　　她承认有一些人爱她，尽管距离遥远。与这些人的交流是她快乐的源泉。她也许没意识到有多少人渴望着爱，有多少人在这个世上没有亲人，没有一个人在乎他们。尽管她孤独失望，条件艰苦，她依然有可能过幸福的生活。

　　以什么方式面对或大或小的问题是对我们勇气的一个考验。记住，我的朋友，无论你在哪里，无论环境如何，你都应该坚守岗位，恪尽职守，像个真正的人，而不是像猪一样，只会呻吟抱怨。坚强、勇敢、快乐地面对生活中出现的一切，是每个人的责任和使命。

幸福的梦从一开始就破碎是很严重的事情，找回梦想的唯一希望是尽最大努力，勇敢地面对困境。并不是很多人都遇到这样的考验，大多数人只是遇到一些小的挫败。不幸的是，一点挫折，一次失望，就让很多人忘记了先前的好时光，就像一场暴雨让很多人忘记了几个月的好天气。在有些人眼中，一点点乌云似乎就遮住了整个天空，挡住了所有阳光和美好。如果我们也像梭罗那样能把眼光放远，而不是只看到眼前的一点点，一切最终都会好起来的。

想想日常生活中发生的事情，能有多少英雄伟业、非凡的机遇和不寻常的经历呢？许多好人他们的一生并没遇到什么大的不幸，或做了什么超凡脱俗、了不起的大事，他们所做的就是把随时随地帮助别人作为他们一生的习惯加以实践，并使他们变得坚强、无私，成为真正高贵的人。

构成日常生活的小事情有着被很多人忽视的不平凡的意义，那就是它们给我们机会塑造性格、锻炼意志、更重要的是塑造人——真正的男人和女人。

你的名字和面孔可能永远不会出现在报纸杂志里面，但你每天都有机会过美好的生活。英雄的美德、勇气、坚韧、无私不仅表现在战场上，也可以表现在家庭、商店、工厂、市场等地方。

人的一生中做万众瞩目的英勇事迹的机会可能只有一两次，也可能一次也没有，但我们可以每天实践那些长远看来意义重大的小小的善举，礼貌友善的行为。因为它们能塑造人格，使生活变得美好高贵。它们不会像战场上的英雄那样能获得奖牌，但它们赢得的是更有价值的东西，这就是从日复一日的默默奉献中汲取的力量。

【第二十四章】

蜜蜂教给我们的

人的巨大力量就在这里——觉得自己是在友好的集体里面。

——奥斯特洛夫斯基

有人说是因为一只蜜蜂缺少酿造蜂蜜的智慧，一群蜂才有了高等的智慧。只有当蜜蜂们团结合作才有生产力。如果蜂群被分开，每只蜜蜂独自生活，它们不但酿不出蜜，连生存都成问题。靠个体的能力，它们会死于饥饿。

一蜂房的蜂群有一个明确的目的，大家朝着目标共同努力，不然的话，就要自食其果。比如，如果一只蜜蜂没有把带回来的蜂蜜作为共同的利益储存起来，而是独自吃掉，它就会被其他的蜜蜂蜇死。

可以说，一只蜜蜂是没有目标、没有计划、没有智慧的。总之，一只蜜蜂离开了它的同伴，就会变得完全无助和无用。

关于蜜蜂的这个道理同样适合于人类。一个人一旦离开了人群，没有了社会提供的各种便利和设施，就会很无助。个人的力量依赖于整体，因为我们都是整体的一部分。

一村一镇的整体智慧比组成它的个人的智慧大得多。人们往往选举一个团体为公众服务，单独个人的意见大家是不会同意的。

历史经验告诉我们：人类有兴盛也有衰败。有史以来每一次真正的进步莫不是人类博爱原则的伟大成果——人们为共同的利益而努力。

历史上有多次社会实验，少数人脱离社会，仿照"布鲁克农场"模式建立一个高尚的社区，这些实验都不可避免地失败了。理论上，这些由高尚的、智慧的、勤勉的人们组成的团体似乎应该能形成一个理想的社会状态，但这种脱离社会的实验，其结果总是令人失望。

实际情况是我们要在一个集体里面互相帮助。不管男人女人，独自一人就不是一个完整的人，离开了人群就是失败的开始，这是自然法则。没有人能永久地与他人隔离还不致衰败。一个人不管多么聪明能干都不能完全独立，必须与人接触才不至于失去力量，而且要与许多人建立联系才会得到最大发展，才会拥有完满的人生。与社会隔绝就是隔绝了力量源泉，丧失了给你带来力量与丰富经验的人脉。可以说，一个人与群体有多大联系就有多大力量。

举个例子，如果一位作家与世隔绝，他很快就会失去精神上的活力，大脑持久力下降，一切都在衰退，如果把自己封闭得太久，他的作品就会变得平淡无味。

大脑需要新的食粮，大量新鲜的经验来供给营养。我们必须接触新的人，到不同的环境中去，与世界交融，才能实现自己的社会功能。这是自然的法则，违反它的惩罚就是精神的瘫痪。

作家的这个情况同样适合于各行各业的人。与世隔绝你就像是一只断了线的风筝。人的绝大部分力量来自于与人的接触交往当中，它并不存在于你自身，只有与他人紧密接触时，它才成为你的。

"人只有团结合作才能成功，"厄尔伯特·赫伯特说，"失去了同伴，人的抱负、理性、勇气将全部消失，就如死去一般。工作是与他人的直接交流，支撑人们的是对别人有用，能为他人做点什么的想法。"

自然就是这样奇妙，它把人这样紧紧地拴在一起，打败了人类进步的最大敌人——自私自利。

我们看见当蜜蜂不为集体劳动时，可以将其剔除掉。但人类并不这样处决自私的个体。不过你需要明白，自私的人最终将自食其果，就像慷慨大度的人将得到回报一样。因为一个人帮助别人越多，与他人接触越密切，他成长和发展的空间就越大，他得到的爱与能力也越多。而与人隔绝的自私的人对邻居没有同情心，试图给的最少得的最多，于是，他的领域不断收缩，能力不断被削弱，最终，自私自利尝到苦果。

很多人并不知道我们不是独立的个体，而是茫茫宇宙中的一分子，这宇宙不仅包括地球上的人类，还有其他星球上的无数的生命，其浩瀚恢宏超乎想象。当想到成千上万个我们这样的地球会被太阳表面许许多多我们称之为"太阳黑点"的一个黑洞吸进去，而太阳只不过是宇宙天体中的一粒尘埃时，我们便会了解宇宙的宏大，地球的渺小。

这种思想认为宇宙中只有一个原则、一个真理，这原则就是神的仁慈恩惠。这是最能给人以鼓舞和激励的思想。当我们意识到我们与邻人实为一家，就不能不去爱人如同爱己。

爱是伟大的启发者、心灵开启者，是爱把社会连接在一起。爱是和平与和谐的源泉。如果从小就教育孩子们爱人类、爱所有国家和人民，而不仅是自己的祖国和人民，那世界上就不会出现战争。正在发生的战争也教育我们人类是休

戚相关的，伤害一个就是伤害全部。我们全都在某种程度上
受到战争的影响。

几个世纪以来，人们尝试了憎恨的方式、战争的方式、
屠杀的方式。暴力总是以失败告终。人类在尝试了各种方法
均告失败之后，发现最有效果的还是爱的方式。这是唯一能
消除世界上的战争、纷争、憎恨、报复、自私和贪婪的方
法。这是一个放之万物而皆准的原则。

菲利普斯·布鲁克斯说："一个人若不在某种程度上感
到他的生命属于全人类，这人就没有达到真正的伟大。"只有
当我们对待别人如同对待自己，我们才能找到真正的幸福。

【第二十五章】

爱的方式与圣诞礼物

慈悲不是出于勉强，它是像甘露一样从天上降下尘世，它不但给幸福于受施的人，也同样给幸福于施与的人。

—— 莎士比亚

去年圣诞节购物期间的一天，在一家玩具店的大橱窗外面站着一对衣衫破旧的兄妹，他们正眼馋地瞧着里面的玩具，我偶然听到哥哥对妹妹说："小妹，我多希望买那个娃娃送给你，你还从来没有娃娃呢。我真希望能有钱买给你呀。"

　　生活中常让我心痛的场景就是看到像这样的一些穷孩子。他们无比渴望地看着装饰一新的橱窗里面的娃娃、玩具和其他美丽的他们从来没有拥有过的东西。如果能买到一些这样漂亮的东西，他们该是多么高兴啊！但穷孩子知道，这些东西他们永远不会拥有。

　　同样可怜的是那些母亲们，她们多么希望能买下孩子们渴望已久的礼物来增加节日的喜庆。当我看到那些不得不撇下孩子，到外面做刷洗工作的妇女，胳膊上挎着水桶，热切地望向圣诞橱窗的时候，我能读懂她们的内心。她们多么希望能把这样一些东西带回家，带给可爱的孩子们，但她们很清楚就是干到手指剩下骨头，也无法让孩子们得到这些。

我们都在望向生活的橱窗，渴望得到那里陈列的美丽的东西，渴望得到能增加我们快乐和幸福的东西。就连那些已然拥有了大量好东西的人也发现，在圣诞节期间，尤其难以拒绝自己对更多奢侈品的渴望。节日期间，我们处在各种诱惑当中，为自己和别人买了许多并不需要的东西。下面是能双赢的圣诞购物方式。学会对自私的欲望说"不"，拒绝那些我们渴望却没有实际用途的东西，这可以帮助我们塑造坚强美好的人格。

让富裕的人们少花钱买那些华而不实的东西，把这钱用在那些真正需要的人身上，这将是一种给予。有多少人圣诞节后会有这样的感受：要不是怕冒犯朋友，他们多想把那些东西扔到垃圾桶里。在多少家庭里，我们看到不少没用的装饰性的东西堆放在桌子和壁炉上，碍手碍脚。这是因为，接受礼物的人不敢把它们扔掉或放到别处去，怕给予者看到以为他们不珍惜。

现在，我们可以做这样的分析：与其花钱和时间拿这些没用的东西让这些富有的人尴尬，还不如用这些钱做点好事。几乎每家都有一些扔在一边的书籍、玩具、图画、衣服，以及各种各样我们不再需要，却能使一个贫穷的母亲和许多小孩过一个快乐的节日的东西。

能够给予是我们的福气，在给予时不要忘了那些孩子和他们的母亲们，即使在富有的美国，他们同样也在热切地看着圣诞橱窗里他们应该有，却买不起的东西。

拥有而不给予，给予然而吝啬，只给那些我们期望有所回报的人，这些都不是博爱的表现。爱默生说："只接受恩惠却从不给予的人是卑劣的，那是世上唯一卑劣的事情。按自然规律，我们不能给施恩于我们的人以恩惠，或曰很少能够。但我们收到的恩惠一定要施予下去，一点一滴地给予某人。你要小心不要让手里握着太多的好处。它会迅速腐坏掉，生出虫子来。快快以某种方式将它送出去。"

当我们的同情心越来越宽广，当狭隘的生命打开大门，与那些受苦受难的人一同进入一个博爱的世界，我们更能体会到施比受更有福的真理。我们都有义务尽我们的能力帮助其他兄弟姐妹承担重负。

应该坚信：爱，总会找到它的方式。有这样一个故事：一个小女孩要给祖母买一件圣诞礼物，可她只有三个便士，当她苦想用这一点钱能买到什么的时候，突然想起一个好主意。她用一便士买来一张纸和信封，用两便士买来邮票，她在信中写道："亲爱的奶奶，我没有礼物送给您，但是我爱您，爱您，爱您，给您一百个吻。"在这位祖母收到的无数纪念物中，据说这封孩子气的信是唯一让她感动得流泪的礼物，她把这封信和她死去孩子的一缕头发，及其他一两样无价的东西小心地收好，珍藏起来。

我认识一位贫穷的女人，她在物质方面没有什么能够给予别人的，但她按照自己的方式所给予他人的比我所认识的任何人都多。她在圣诞节之前走访了许多贫穷人家，努力给那些生病的、残疾的、绝望的、不幸的人们带去鼓励和安慰。她给予的爱、同情、鼓励、阳光和好心情使他们感到她的到来使他们变得富有，这比收到很多物质的礼物都更有价值。

没有人穷得什么也给不了。有爱就有可给予的东西，因为"爱永不言败"。一旦当爱失去，就真正只有贫穷了。

即使基督一千次，

出生在伯利恒，

若他不生在你心中，

你的灵魂只有孤寂清冷。